新能源汽车工程专业联盟推荐教材
普通高等教育新能源汽车工程专业创新教材

燃料电池动力系统

主　编　董　非　许　晟
副主编　邓鹏毅　魏胜利
参　编　杨继斌　黄福享

机械工业出版社

本书聚焦燃料电池技术，全面且深入地阐述了其基本原理、关键技术及广泛应用。开篇精准剖析燃料电池将化学能直接转换为电能的独特机制，基于热力学与动力学原理，解析各类燃料电池（碱性、磷酸、熔融碳酸盐、质子交换膜、固体氧化物等类型）的工作原理及性能差异。核心技术部分详述了膜电极组件（质子交换膜、催化剂、气体扩散层）、双极板、密封技术、水/热管理及冷启动技术等，从材料特性、制备工艺到性能优化，多维度探究提升燃料电池效率与稳定性的策略。应用领域涵盖分布式发电、交通运输（汽车、船舶、航空航天）、便携式电源等，尤其着重于燃料电池汽车技术，从动力系统集成到整车性能优化，详析技术瓶颈与突破方向，为科研人员、工程师及决策者提供了坚实的理论与实践指引，有力推动了该技术在全球能源转型中发挥关键作用，迈向低碳、高效的能源未来。

图书在版编目（CIP）数据

燃料电池动力系统 / 董非，许晟主编. – – 北京：

机械工业出版社，2025. 7. – –（普通高等教育新能源汽

车工程专业创新教材）. – – ISBN 978-7-111-78715-0

Ⅰ. TM911.4

中国国家版本馆 CIP 数据核字第 2025S3W612 号

机械工业出版社（北京市百万庄大街 22 号　邮政编码 100037）

策划编辑：李　军　　　　　　　　　　责任编辑：李　军　高孟瑜

责任校对：甘慧彤　马荣华　景　飞　　封面设计：马精明

责任印制：张　博

北京建宏印刷有限公司印刷

2025 年 8 月第 1 版第 1 次印刷

184mm×260mm · 10.25 印张 · 245 千字

标准书号：ISBN 978-7-111-78715-0

定价：59.90 元

电话服务　　　　　　网络服务

客服电话：010-88361066　机 工 官 网：www.cmpbook.com

　　　　　010-88379833　机 工 官 博：weibo.com/cmp1952

　　　　　010-68326294　金　书　网：www.golden-book.com

封底无防伪标均为盗版　机工教育服务网：www.cmpedu.com

在全球能源结构加速转型、环境约束日益趋紧的时代背景下，燃料电池技术作为一种极具前景的能源转换途径，引发了学界与业界的广泛关注与深入探索。本书旨在为专业读者提供系统、深入且权威的燃料电池技术讲解，以助其全面洞悉该技术的理论根基、技术脉络与实践前沿。

能源领域面临的严峻挑战，如化石能源渐趋枯竭、环境污染加剧以及温室气体排放失控，已促使全球各国将目光聚焦于清洁、高效且可持续的新能源技术。燃料电池技术凭借其独特的能量转换机制，在诸多能源解决方案中崭露头角。其通过燃料的电化学反应直接生成电能，规避了传统热机循环的效率桎梏，理论能量转换效率可超 80%，且反应产物多为水，环境相容性极佳，契合可持续发展理念，为能源困境提供了创新破题思路。

从历史演进视角审视，燃料电池技术自 19 世纪初萌芽，历经漫长的科研征程与技术沉淀。从早期实验原型的艰难构建，到关键材料与组件的逐步突破，再到系统集成与工程应用的稳健拓展，每一步跨越皆仰赖科学理论的深度挖掘与技术工艺的持续革新。此过程汇聚了多学科智慧，涵盖化学、材料学、物理学、工程学等领域，共同推动其从理论构想迈向实用化技术体系。

本书核心内容围绕燃料电池的基本原理、关键技术及应用实践展开系统剖析。在原理层面，深度阐释不同类型（如碱性、磷酸、熔融碳酸盐、质子交换膜、固体氧化物燃料电池等）燃料电池的电化学原理，依据电解质特性、电极反应动力学及热力学原理，精准解析其工作机制、性能特性与适用场景。在技术维度，聚焦膜电极组件（含质子交换膜、催化剂、气体扩散层）、双极板、密封技术、水 / 热管理技术、冷启动技术等核心要素，基于材料科学前沿成果与先进制造工艺，深入探究各组件性能优化策略及系统集成调控机制，构建高效稳定的燃料电池系统架构。

本书注重理论与实践深度融合、基础研究与工程应用紧密衔接，为科研人员开展前沿探索、技术人员攻克工程难题、产业决策者制定战略规划提供了坚实理论支撑与实践指引，有力推动了燃料电池技术在全球能源体系变革中发挥关键引领作用，加速迈向低碳、高效、可持续的能源未来。

第1章　燃料电池概述

化石燃料大量开发所带来的能源短缺、环境恶化、气候变暖等问题已成为全球面临的重大挑战，控制碳排放、开发清洁高效能源、探索高效的能源转换技术愈发引起各国重视。当前，包括中国、欧盟、美国、日本在内的130多个国家和地区相继提出了"碳中和"目标。在这样的背景下，燃料电池这种具有悠久历史的高效清洁发电装置又迎来了新的机遇与挑战。本章介绍燃料电池的一些基础内容，包括原理、发展历史、分类及应用，为后续章节的学习奠定基础。

1.1　燃料电池原理

燃料电池（Fuel Cell）是一种高效的能源转换装置，它能够连续地将储存在燃料中的化学能通过氧化还原反应直接转化为电能。燃料电池技术是继水力发电、火力发电和核能发电之后的第四代发电技术，被称为21世纪首选的高效、清洁发电技术。燃料电池有着诸多优势——其装置在实现能量转化的过程中不需要热机的燃烧过程和传动设备，效率不受卡诺循环的限制，因此它的能量转换效率可达80%甚至更高；当使用氢气作为燃料时，水是其唯一的产物，可以实现零排放；燃料电池的结构简单，电池内部没有运动部件，工作时无振动和噪声；燃料电池的电极仅作为化学反应的场所和导电通道，电极自身无须参与反应，故对电池产生的损耗较小，使用寿命较长。

燃料电池主要由四部分组成，即阳极、阴极、电解质和外部电路。阳极是燃料发生氧化反应的场所，具有较强的催化活性；阴极是氧化剂（通常为 O_2）发生还原反应的场所；电解质介于阴阳两极之间，用于传导离子或质子。燃料被输送到电池的阳极，在电极的催化作用下释放电子，电子经外电路传导到达阴极并与氧化剂结合。以氢氧燃料电池为例，按照电解质的酸碱性一般可分为酸性氢氧燃料电池和碱性氢氧燃料电池两种，因此在不同电解质溶液下，两种电池的反应过程和反应式会稍有不同。

当电解质溶液为碱性时，由于溶液中 OH^- 含量极高，OH^- 会直接与阳极生成的 H^+ 结合生成水，但由于阴极处缺少 H^+，阴极生成的 OH^- 会以离子形态存在，如图 1-1 所示。

电池的反应式为

$$阳极：2H_2 + 4OH^- - 4e^- \longrightarrow 4H_2O$$

$$阴极：O_2 + 2H_2O + 4e^- \longrightarrow 4OH^-$$

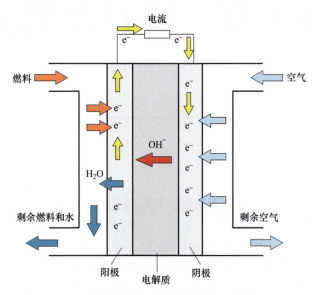

图 1-1　碱性氢氧燃料电池原理示意图

当电解质溶液为酸性时，由于溶液中 H^+ 含量较高，阴极产生的 O_2 无法单独存在，会与 H^+ 结合生成水，如图 1-2 所示。电池的反应式为

$$阳极：2H_2 - 4e^- \longrightarrow 4H^+$$

$$阴极：O_2 + 4e^- + 4H^+ \longrightarrow 2H_2O$$

无论酸性环境还是碱性环境，电池的总反应式均为

$$2H_2 + O_2 \longrightarrow 2H_2O$$

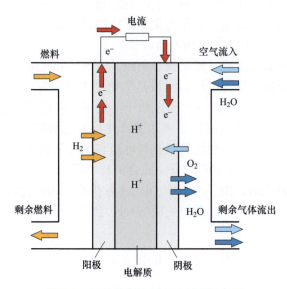

图 1-2　酸性氢氧燃料电池原理示意图

燃料电池的工作方式不同于其他常见的电池。传统电池是一种能量储存与转换一体的装置，即电活性物质通常作为电极材料的一部分存储在电池壳体中，在电池放电时，不断被消耗，直到这些携带化学能的活性物质被消耗到一定程度后，电池就无法继续工作。总的来说，传统电池是每次放电只能输出有限电能，且在电池工作过程中电极材料会不断变化。而燃料电池本身仅作为一种能源转换装置，并不能存储能量，只要将携带能量的燃料和氧化剂不断地输入到燃料电池中，就能实现连续发电，并且电极材料不会发生变化。

1.2 燃料电池的发展历史

燃料电池距今已有 180 多年的发展历史，其起源最早可追溯到 19 世纪初期。燃料电池原理的发现首先要归功于德裔瑞士化学家克里斯蒂安·弗里德里希·舍恩宾（Christian Friedrich Schönbein）。1838 年，巴塞尔大学的舍恩宾教授在研究稀硫酸和其他物质的电解时发现氢气与氧气发生在铂金电极上的反应能产生电流。之后他将这一发现写入文章并发表在 *The London, Edinburgh, and Dublin Philosophical Magazine and Journal of Science* 杂志上。

1839 年，英国的科学家和法官 William Robert Grove 爵士制作出了首个燃料电池装置的雏形。Grove 最初的构想来自于他所进行的实验——电解水制取氢气和氧气。Grove 推想到，如果将电解水的反应逆转过来或许能产生电流。为了证实这一推想，他将两片铂金片的一端一起浸入到装有稀硫酸溶液的烧杯中，在铂金片的另一端分别倒扣上装有氢气和氧气的试管，在接通回路后，电流指示器检测到了电流的存在，同时试管中的气体被逐渐消耗。为了提高电压，Grove 将多个这种装置串联起来，这便是世界上第一个燃料电池装置，Grove 将这一装置称作"气体伏打电池（Gaseous Voltaic Battery）"，如图 1-3 所示。Grove 爵士被公认为燃料电池之父。如今每年在瑞士卢塞恩市举办的欧洲燃料电池论坛上都设有以 Christian Friedrich Schönbein 命名的奖牌，在英国每两年召开一次以 Grove 命名的燃料电池国际会议，以纪念这两位燃料电池的奠基人和发明者。

直到 1889 年，化学家 Ludwig Mond 和助手 Charles Langer 才真正提出"燃料电池"这一概念。他们意识到 Grove 的装置使用的液体电解质极不方便，Mond 提出只有使用"准固体"形式的电解质才能保证电池的稳定可靠性。于是他们使用多孔的非导电材料——陶瓷板，将其在稀硫酸溶液中浸泡，充当电解质；之后在陶瓷板的两侧各放置一片薄薄的多孔铂片作为电极，并在铂片的表面覆盖了一层铂黑薄膜当作催化剂；最后，他们用硬橡胶板、木片等绝缘材料将电池封装，同时在上下两侧预留出进气通道和气室，一侧通入氢气，另一侧通入氧气，如图 1-4 所示。随后他们测试了电池的性能，这种电池在 0.73V 的电压下获得了 $6A/ft^2$（$1ft^2 = 0.0929030m^2$）的电流。在同一时期，Charles R. Alder Wright 和 C. Thompson 开发了类似的燃料电池，但他们和后来的 Louis Paul Cailleteton 以及 Louis Joseph Colardeau 等人认为这种电池需要大量"贵金属"，成本过高，只适合在实验室中进行研究，并不适用于商业化。

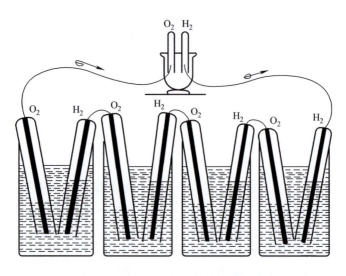

图 1-3　Grove 的"气体伏打电池"装置

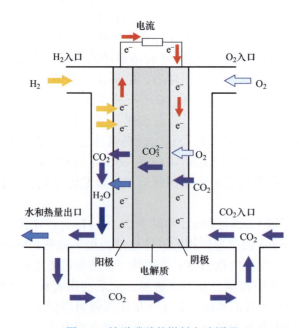

图 1-4　熔融碳酸盐燃料电池原理

1893 年，著名物理化学家 Friedrich Wilhelm Ostwald 通过实验确定了燃料电池各种成分之间相互关联的作用，如电极、电解质、氧化剂、还原剂、阴离子和阳离子之间的作用，并根据热力学理论提出燃料低温下的电化学氧化过程要优于高温下的燃烧过程，化学电池的能量转换效率高于热机。Ostwald 对燃料电池的工作原理提供了诸多理论和理解，为后来的燃料电池研究奠定了基础。

　　1896 年，电气工程师和化学家 William W. Jacques 发明了一种直接从煤炭中发电的方法。Jacques 制作了一个"碳电池"，将空气注入碱性电解质中，与碳电极反应，但由于其电阻过大，只获得了 8% 的发电效率。1897 年，德国著名科学家 Walther Hermann Nernst 发现了世界上第一个固态氧离子导体，该导体由 85% 的氧化锆和 15% 的氧化钇组成，这便是今天的固体氧化物燃料电池电解质材料的原型。

　　19 世纪以来，诸多科学理论和技术相继诞生，燃料电池便是其中之一。但是在当时的科技水平下，燃料电池装置并没有"走出实验室"，很难将这种装置进行商业化。到了 19 世纪末期，内燃机技术的崛起以及化石燃料的大规模开发使用更是让燃料电池的发展雪上加霜，燃料电池的发展逐渐进入停滞期。尽管如此，在 19 世纪末到 20 世纪初期，仍有大量研究者做出了里程碑式的工作：1900 年 Emil Baur 和他的小组开展了熔融碳酸盐燃料电池（MCFC）的研究，直到 1921 年，Baur 制造出了第一个熔融碳酸盐燃料电池；1902—1904 年间，J. H. Reid 和 P. G. L. Noël 开始研究碱性燃料电池（AFC），采用碱性 KOH 溶液作为电解质；1906—1907 年间，F. Haber 等人用一个双面覆盖着铂或金的圆玻璃薄片作为电解质，并与供应气体的管子连接，这被认为是最早的质子交换膜燃料电池（PEMFC）的原型；1937 年，Emil Baur 和 H. Preis 采用 Nernst 发现的固态电解质制造出了世界上第一个固体氧化物燃料电池（SOFC）。

　　20 世纪 30 年代中后期，燃料电池迎来了"青春期"，在此期间英国剑桥大学的 Francis Thomas Bacon 博士对燃料电池的发展做出了不可磨灭的贡献。1937 年，Bacon 展示了首个带有多孔镍电极的实用碱性燃料电池，之后他和 E. K. Rideal 设计了一个由电解槽、氢气罐和燃料电池组成的系统；1939 年，Bacon 制作出了高压（约 200bar，1bar = 10^5Pa）碱性燃料电池；1958 年，他向英国国家研究公司展示了电极直径 25.4mm 的碱性燃料电池。Bacon 大量的研究成果也逐渐吸引了如普惠（Pratt & Whitney）等公司的注意。1959 年，在马歇尔航空公司的支持下，Bacon 博士用 40 个电池组建了 5kW 的燃料电池组，用于叉车和焊接设备的供电，使得燃料电池技术真正"走出了实验室"。图 1-5 所示为 Bacon 和他制作的 5kW 电池组。Bacon 对燃料电池的研究为日后燃料电池的商业化奠定了坚实的基础。

　　20 世纪 60 年代，燃料电池的研究在航空航天工业的推动下得到了迅猛发展。美国国家航空航天局（NASA）为寻找合适的航天器动力源，对各种动力源装置进行了系统的分析和对比，包括燃料电池、太阳能电池及核能等。燃料电池具有高能量密度和高功率密度，而且适合作为功率范围在 1～10kW，飞行时间在 1～30 天的航天飞船的主电源，因此 NASA 开始资助一系列燃料电池的研究。1958 年，美国通用电气公司（GE）的化学家 Thomas Grubb 和 Leonard Niedrach 研制出以离子交换膜为电解质隔膜的质子交换膜燃料电池，之后 GE 与 NASA 合作将这项技术应用到 1962 年的"双子座"太空计划中。1967 年，普惠公司和 NASA 合作，在 Bacon 碱性燃料电池专利的基础上，成功研制出了更加稳定、寿命更长的碱性燃料电池，并将这种电池用作"阿波罗"登月飞船的主电力源。图 1-6 所示为"阿波罗"飞船所用的燃料电池。此后，包括航天飞机在内的多次太空飞行任务，也都采用碱性燃料电池作为电源系统。燃料电池技术为航空航天事业的进步做出了重要贡献。

图 1-5　Bacon 和他制作的 5kW 电池组

图 1-6　"阿波罗"飞船所用的燃料电池

进入 20 世纪 70 年代，燃料电池在航天事业上的优异表现使得这项技术又迎来了一个新时期。尤其在 1973 年发生石油危机后，各国普遍认识到能源的重要性，纷纷制定各种能源政策以减少对石油进口的依赖，同时也意识到开发高效、清洁的能源转换技术也势在必行。在这样的背景下，燃料电池作为一种高效能源转换技术，愈发被各国重视。在这一时期，燃料电池的各种新材料、新工艺纷纷问世。例如，1972 年杜邦（Du Pont）公司成功研发出燃料电池专用的高分子电解质薄膜 Nafion®（聚四氟乙烯磺酸膜）；20 世纪 80 年代初期，美国联合技术公司（UTC）利用碳负载铂催化剂、气体加湿、升高氧气侧压差等技术改进了质子交换膜燃料电池；1983 年，加拿大国防部斥资支持巴拉德（Ballard）公司开展燃料电池的研究；1985 年，质子交换膜燃料电池与基于蒸汽重整和 CO 氧化的气体发生器联合系统被研制出。另外，磷酸燃料电池和固体氧化物燃料电池在同一时期也得到大力发展和应用。1977 年，第一个 1MW 级磷酸燃料电池发电厂在美国康涅狄格州亮相；之后在 1978—1985 年间，曼哈顿和东京先后组建了 4.5MW 级的发电厂，日本在这一时期启动了"月光计划（Moonshine Program）"以开发节能技术，东芝、三菱、富士、三洋等公司也相继建造了磷酸燃料电池发电厂。实践证明，磷酸燃料电池的运行十分可靠。固体氧化物燃料电池的快速发展得益于 1970 年电化学气相沉积技术的成功开发。1983 年，美国 Argonne 国家重点实验室研究并制备了共烧结的平板式电池堆；1986 年，美国西屋电气公司（Westinghouse Electric Corporation）首次制造了以 324 个单体电池组成的 5kW 固体氧化物燃料电池发电机，并在一年后向大阪和东京燃气公司提供了 25kW 级燃料电池发电和余热供暖联合系统，该系统到 1997 年 3 月已成功运行了约 1.3 万小时。

到 20 世纪 90 年代，随着一系列突破性成果的出现，燃料电池逐渐进入人们的日常生活。具有里程碑意义的事件是 1993 年在加拿大温哥华，巴拉德公司推出了全世界第一辆以质子交换膜燃料电池为动力源的公交车，如图 1-7 所示。这种车可以提供与柴油机相同的动力性能，但与其不同的是可以实现零排放。自此以后，戴姆勒、福特、通用汽车、大众、本田等知名汽车企业也纷纷在公共交通领域开展燃料电池的研发测试工作。

图 1-7　巴拉德公司研制的世界上第一辆质子交换膜燃料电池公交车

在 21 世纪的今天，燃料电池被广泛应用于汽车、火车、飞机、轮船、发电站、污水处理厂等场所。作为一种高效率、环境友好型的能源转换装置，燃料电池在固定式发电、交通运输、便携式发电和微功率应用等方面发挥着重要的作用。

1.3　燃料电池的分类

燃料电池可根据其所用电解质性质、工作温度、燃料种类及使用方式等进行分类。燃料电池的电解质决定了电池的操作温度和电极中的催化剂类型，以及燃料的种类。目前采用最广泛的分类方法是依据燃料电池中所用的电解质类型进行分类，可分为：碱性燃料电池（Alkaline Fuel Cell，AFC）、磷酸燃料电池（Phosphoric Acid Fuel Cell，PAFC）、熔融碳酸盐燃料电池（Molten Carbonate Fuel Cell，MCFC）、质子交换膜燃料电池（Proton Exchange Membrane Fuel Cell，PEMFC）和固体氧化物燃料电池（Solid Oxide Fuel Cell，SOFC）。

此外，根据工作温度划分，燃料电池可分为低温、中温和高温燃料电池。AFC 与 PEMFC 属于低温燃料电池，PAFC 属于中温燃料电池，MCFC 与 SOFC 则为高温燃料电池。按燃料及其使用方式，燃料电池可分为三种。第一种是直接式燃料电池，即燃料直接在电池的阳极催化剂上被氧化，如直接甲醇燃料电池（Direct Methanol Fuel Cell，DMFC）、直接碳燃料电池（Direct Carbon Fuel Cell，DCFC）、直接硼氢化物燃料电池（Direct Borohydride Fuel Cell，DBFC）等。第二种是间接式燃料电池，即燃料并不直接使用，而是经转化后再使用，比如把甲烷、甲醇或其他烃类化合物通过蒸汽重整或催化分解后，转为富氢混合气后再供给燃料电池发电。第三种是再生式燃料电池，指的是把燃料电池反应生成的水，经某种方法分解成氢和氧，再将氢气和氧气收集至燃料电池中发电。

下面就五种电解质不同的燃料电池的特性及其发展情况做简单介绍。

1.3.1　碱性燃料电池（AFC）

在上述各种燃料电池中，AFC 是最先被应用的燃料电池系统。其使用氢氧化钾（KOH）溶液为电解液，工作温度通常在 60 ~ 220℃。在低温工作的 AFC（<120℃）采用质量分数为 35% ~ 50% 的 KOH 电解液；在较高温度工作的 AFC 则采用质量分数为 85% 的 KOH 电解液。碱性燃料电池有两种结构模式：电解质固定式和电解质循环式。前者是将多孔石棉

膜浸入电解液，固定在气体扩散层阴阳极间构成电池；后者采用两种孔径的电极，气体一侧孔径较大，电解液一侧孔径较小，阴阳两极之间形成一个电解液腔，工作时利用泵使电解液经过电解液腔在电池内外部循环，利用电解液在电极细孔中的毛细作用来防止泄漏。

相比于其他类型的燃料电池，AFC 具有一些显著的优点：①碱性电解液中，电极交换电流密度比在酸性电解液中要高，氧化还原反应更容易进行，故可以采用如镍等较便宜的金属为催化剂，降低电池的成本；② AFC 的工作电压较高，一般在 0.8 ~ 0.95V，电池的效率可高达 60% ~ 70%，如果不考虑热电联供，AFC 的发电效率是几种燃料电池中最高的；③ AFC 的双极板可以使用镍，其在碱性环境中较稳定，这样可降低电池堆的成本，事实上，就电池堆而言，AFC 的制作成本是所有燃料电池中最低的。

然而 AFC 所使用的燃料限制严格，必须以纯氢气作为阳极燃料气体，以纯氧气作为阴极氧化剂，催化剂使用铂、金、银等贵重金属，或者镍、钴、锰等过渡金属。此外，AFC 电解质腐蚀性强，因此电池寿命较短。以上特点限制了 AFC 的发展，目前的应用仍然局限于航天或军事领域，不适于发展为民用。

1.3.2　磷酸燃料电池（PAFC）

适于发电站应用的电池中，目前最具有商业化条件的是 PAFC，被称为第一代燃料电池系统。PAFC 采用 100% 的磷酸作为电解液，其具有稳定性好和腐蚀性低的特点。此外，室温时磷酸是固态，熔化温度为 42℃，这样方便电极的制备和电堆的组装。使用时磷酸依靠毛细管作用力保持在由少量聚四氟乙烯（PTFE）和碳化硅（SiC）粉末组成的隔膜的毛细孔中。隔膜的厚度一般为 100 ~ 200μm，这个厚度既可以满足低电阻损耗的要求，同时也有足够的机械强度可防止反应气体从一极向另一极的渗透。阴极和阳极均为气扩散电极，分别附着在隔膜两侧，构成三明治结构。为了使磷酸电解质具有足够高的电导率，PAFC 的工作温度一般在 200℃左右。在这样的温度下，仍然需要高活性的 Pt 作为电催化剂。但是在此温度下，CO 对 Pt 的中毒已经不像 PEMFC 那样严重。所以，作为燃料的重整气中 CO 的浓度上限可以提高到 1%（体积分数），这样就显著降低了燃料的制备成本，简化了燃料的制备和净化装置。这也是使得 PAPC 能够最早实现商业化的原因之一。PAFC 较高的工作温度使得其余热具有一定的利用价值，可以用于工厂、办公楼、居民住宅的取暖和热水供应的热源，因此，PAFC 非常适合用作分散式固定电站。其发电效率可达 40% ~ 50%，如果采用热电联供，系统总效率可高达 70%。

与其他燃料电池相比，PAFC 制作成本低，技术成熟，已经有多个千瓦和兆瓦级的 PAFC 电站在运行。影响 PAFC 大规模使用的主要原因是磷酸电解质对电池材料的腐蚀导致其使用寿命难以超过 40000h。

1.3.3　熔融碳酸盐燃料电池（MCFC）

熔融碳酸盐燃料电池是一种中高温燃料电池，其电解质为 Li_2CO_3-$NaCO_3$ 或者 $LiCO$-K_2CO_3 的混合物熔盐，浸在用 $LiAlO_2$ 制成的多孔隔膜中，高温时呈熔融状态，对碳酸根离子（MCFC 的导电离子）有很好的传导作用。MCFC 的工作温度在 600 ~ 650℃。由于在高温下工作，MCFC 的电极反应不需要铂等贵金属作为催化剂，一般采用镍与氧化镍分别作为阳极与阴极。MCFC 具有内重整能力，甲烷与一氧化碳均可直接作为燃料。并且

MCFC 的余热可回收或与燃气轮机结合组成复合发电系统，使发电容量和发电效率进一步提高，被称为第二代燃料电池系统。它的缺点是必须配置二氧化碳循环系统；要求燃料气体中硫化氢和碳酰硫的体积分数小于 5×10^{-7}；熔融碳酸盐具有腐蚀性，而且容易挥发。

与 SOFC 相比，MCFC 的寿命较短，组成复合发电系统的效率低，启动时间长。MCFC 发电效率为 45% ~ 48%，优化后可达 60%，用于热电联供系统后整体效率可达 80%，甚至可以实现 80% 以上，因此在分布式供电、热电联供等领域具有广阔的应用前景。目前 MCFC 技术在美国、日本、欧洲及我国均有研究和应用。

1.3.4　质子交换膜燃料电池（PEMFC）

PEMFC 又称为固体聚合物燃料电池（SPFC），一般在 50 ~ 100℃ 环境下工作。PEMFC 采用能够传导质子的聚合物膜作为电解质，比如全氟磺酸膜（杜邦公司的 Nafion 膜），其主链为聚四氟乙烯链，支链上带有碱酸基团（—SO_3H），可以传递质子。PEMFC 的核心部分称为膜电极组件（Membrane Electrode Assembly，MEA）。它由质子交换膜、阴极和阳极催化层、阴极和阳极气体扩散层等几层叠压在一起构成。质子在膜中的传导要依靠水，只有在充分润湿的情况下质子交换膜才能有效地传导质子。工作温度低加之电解质为酸性，这就要求阴、阳两极电催化剂的活性要高，所以，PEMFC 采用贵金属 Pt 为催化剂。为了减少其用量，降低电池成本，通常将其高度分散在炭粉载体上。低温下 Pt 对 CO 的中毒非常敏感，当使用由烃或醇等经过重整制备的富氢气体作为燃料时，其中 CO 的体积分数必须低于 5×10^{-6}，这就加大了制氢的成本。PEMFC 在低温下工作使其具有启动时间短的特点，可在几分钟内达到满载，发电效率为 45% ~ 50%。此外，PEMFC 还具有寿命长、运行可靠的特点，在车辆动力电源、移动电源、分布式电源及家用电源方面有一定的市场，目前奔驰、本田、福特等汽车公司均已有燃料电池汽车投入量产。但 PEMFC 不适合用作大容量集中型电厂电池。

1.3.5　固体氧化物燃料电池（SOFC）

SOFC 与 PEMFC 类似，也是一种全固体燃料电池。其电解质采用固态致密金属氧化物，通常为氧化钇稳定的氧化锆（Y_2O_3-stabilized-ZrO_2，YSZ）。这种材料在高温下（650 ~ 1000℃）具有良好的氧离子传导性能。SOFC 的阳极为多孔 Ni-YSZ，阴极材料广泛采用的是掺杂锶的锰酸镧（Sr-doped-$LaMnO_3$，LSM）。SOFC 具有诸多优势：①电池为全固体结构，可避免使用液态电解质带来的泄漏和腐蚀等问题，因而电池的寿命较长；②无须使用贵金属作催化剂，电池成本降低；③尾气有丰富余热可回收利用，可与其他设备组成热电联供系统，整体发电效率可达 80% 甚至以上；④燃料适用性强，可直接用 CH_4、煤气或其他碳氢化合物作为燃料。此外 SOFC 外形具有很大的灵活性，可以制成管式、平板式和瓦楞式等，它是大功率、民用型燃料电池的第三代技术方案。

SOFC 的缺点是由于工作温度很高，带来了一系列材料、密封和结构上的问题，比如电极的烧结、电解质与电极之间的界面化学扩散、热膨胀系数不同的材料之间的匹配、双极板材料的稳定性、电池的密封等。这些缺点在一定程度上制约着 SOFC 的发展。与 MCFC 一样，SOFC 主要应用在分散式电站和集中型大规模电厂。

综上所述，可将五种燃料电池的基本情况列于表 1-1。

表 1-1 五种燃料电池的综合比较

电池种类	碱性（AFC）	磷酸（PAFC）	熔融碳酸盐（MCFC）	质子交换膜（PEMFC）	固体氧化物（SOFC）
电解质类型	KOH	H_3PO_4	Li_2CO_3-K_2CO_3	固体有机膜	Y_2O_3-ZrO_2
导电离子	OH^-	H^+	CO_3^{2-}	H^+	O^{2-}
阳极反应	$H_2 + 2OH^- \rightarrow 2H_2O + 2e^-$	$H_2 \rightarrow 2H^+ + 2e^-$	$H_2 + CO_3^{2-} \rightarrow H_2O + CO_2 + 2e^-$	$H_2 \rightarrow 2H^+ + 2e^-$	$H_2 + O^{2-} \rightarrow H_2O + 2e^-$ $CO + O^{2-} \rightarrow CO_2 + 2e^-$
阴极反应	$\frac{1}{2}O_2 + H_2O + 2e^- \rightarrow 2OH^-$	$\frac{1}{2}O_2 + 2H^+ + 2e^- \rightarrow H_2O$	$\frac{1}{2}O_2 + CO_2 + 2e^- \rightarrow CO_3^{2-}$	$\frac{1}{2}O_2 + 2H^+ + 2e^- \rightarrow 2H_2O$	$\frac{1}{2}O_2 + 2e^- \rightarrow O^{2-}$
阳极催化剂	Ni 或 Pt/C	Pt/C	Ni（含 Cr、Al）	Pt/C	金属（Ni、Zr）
阴极催化剂	Ag 或 Pt/C	Pt/C	NiO	Pt/C、铂黑	掺锶的 $LaMnO_3$
工作温度	60~220℃	约 200℃	600~650℃	50~100℃	650~1000℃
工作压力	<0.5MPa	<0.8MPa	<1MPa	<0.5MPa	常压
燃料气体	精炼氢气、电解副产氢气	天然气、甲醇、轻油	天然气、甲醇、石油、煤	氢气、天然气、甲醇、汽油	天然气、甲醇、石油、煤
单体电池发电效率（实际）	40%~60%	55%	55%~65% 47%~50%[H_2]	40%	60%~65% 44%~47%[H_2]
电池系统发电效率	50%~60%	40%	50%	40%	55%~60%
特性	1）需使用高纯度氢气作燃料 2）低腐蚀性及低温，材料选择较容易	1）进气中 CO 会导致触媒中毒 2）废气可利用	1）不受进气 CO 影响 2）反应时需循环使用 CO_2 3）废热可利用	1）功率密度高，体积小，质量轻 2）低腐蚀性、低温，材料选择容易	1）不受进气 CO 影响 2）高温反应，不需依赖触媒的特殊作用 3）废气可利用
优点	1）启动快 2）室温常压下工作	1）对 CO_2 不敏感 2）成本相对较低	1）可用空气作氧化剂 2）可用天然气或甲烷作燃料	1）可用空气作氧化剂 2）固体电解质 3）室温工作 4）启动迅速	1）可用空气作氧化剂 2）燃料选择范围广 3）功率密度高，发电效率高
缺点	1）需以纯氧作氧化剂 2）成本高	1）对 CO 敏感 2）启动慢 3）成本高	工作温度较高	1）对 CO 非常敏感 2）反应物需要加湿	工作温度过高

1.4 燃料电池的应用

（1）碱性燃料电池（AFC）

20 世纪 60 年代中期，NASA 成功地将 AFC 应用于阿波罗登月飞船上，在为飞船提供电力的同时还能提供饮用水，后来又将其应用于航天飞机。目前我国也已研制出 200W 氢 – 空气的碱性燃料电池系统。图 1-8 所示为碱性燃料电池系统实拍图。

图 1-8 碱性燃料电池系统实拍图

目前 AFC 仍主要应用于航空航天领域。然而，AFC 的使用寿命会随着燃料气的流动、电解液的流失、石棉基质的干燥等因素而降低。航天飞机规范要求的碱性燃料电池寿命为 2400h；然而在实际使用约 1200h 后，AFC 系统就需要一次大维修。因此 AFC 的大规模商业化应用仍有很长的路要走。

（2）磷酸燃料电池（PAFC）

PAFC 作为目前最适于在发电站实现商业化应用的燃料电池，其技术已属成熟，产品主要为输出功率在 100 ~ 400kW 的固定式发电机，多作为特殊用户的分布式电源、现场可移动电源及备用电源等，并且还在公共汽车等大型车辆中得到应用。

美国将 PAFC 列为国家级重点科研项目进行研究开发，向全世界出售 200kW 级的 PAFC。1991 年，东京电力公司建成了世界上最大的 PAFC 装置（约 11MW），该设备发电效率达 41.1%，能量利用率为 72.7%。1993 年 9 月，大坂煤气公司建造了未来型试验住宅 NECT21。该住宅以 100kW 的 PAFC 作为主要电源，屋顶辅以太阳能电池，开创了一条建设符合环保和节能要求的独立电源系统新方案。磷酸燃料电池技术的主要制造商还包括 Doosan Fuel Cell America Inc.（原 Clear Edge Power & UTC Power）和富士电机。印度的 DRDO 开发了基于 PAFC 的不依赖空气的推进器，用于集成到该公司的 Kalvari 级潜艇中。

1999 年 12 月，我国与日本政府签署了一项合作项目，在广州番禺区利用猪排泄物制沼气建设 PAFC 电站。此项目得到了国家和地方政府的大力支持。2004 年 2 月，该燃料电池成功利用猪的排泄物发酵所制沼气进行试运行。目前，我国在 PAFC 领域的研究仍较少，PAFC 技术的研究与发展具有广阔前景。

（3）熔融碳酸盐燃料电池（MCFC）

MCFC 的开发始于 20 世纪 40—50 年代，1996—2000 年期间在美国、意大利、日本和德国实现了百千瓦级（>250kW）发电系统的示范运行，2000 年以后主要专注于发电系统试验和商业化推广。2015 年，MCFC 发电站的数量达到 100 座，总容量超过 75.6MW。

目前，世界上最大的 MCFC 电站正在韩国运行，其发电功率为 59MW，并于 2018 年建成 360MW 的电站。MCFC 发电技术在美国、意大利、德国、韩国、日本等国家都得到了重视和发展。其中美国 Fuel Cell Energy 公司开发的 MCFC 发电站如图 1-9 所示。近年来，MCFC 的发展迅速，并随着系统示范和应用的拓展，基于 MCFC 的热电联产系统、混合发电系统及新型 CO_2 捕集系统不断问世，在分布式发电和固定式发电领域具有广阔的应用前景。

图 1-9　美国 Fuel Cell Energy 公司开发的 MCFC 发电站

（4）质子交换膜燃料电池（PEMFC）

PEMFC 工作温度低，体积小，是目前最适合作为新能源汽车动力源的燃料电池，被业内公认为是电动汽车的未来发展方向。1993 年，巴拉德动力系统公司组装了一部功率为 120kW 的 PEMFC 公共汽车，以高压氢气为燃料，行驶速度 95km/h，续驶里程达 400km；紧接着在 1995 年又组装了功率为 200kW 的 PEMFC 公共汽车。测试表明，以 PEMFC 为动力的公共汽车的最高车速和爬坡能力均与使用柴油发动机相当，且加速性能要优于柴油发动机。巴拉德动力系统公司与各大汽车制造商合作，已经向北美和欧洲等多个城市提供了数十部燃料电池公共汽车。我国科技部也投入资金开发燃料电池公交客车。清华大学、中国科学院大连化学物理研究所和上海神力公司等多家单位联合开发出了具有自主知识产权的质子交换膜燃料电池公交车，并在 2008 年奥运会期间在北京公交线路上进行了示范运行，还为马拉松比赛提供全程保障服务。2014 年，丰田公司推出首款燃料电池量产车，发电机峰值功率可达 114kW，续驶里程达到 650km，0—100km/h 加速时间为 10s，加氢只需 3min，性能与燃油汽车相当。其系统结构及部件图解如图 1-10 所示。目前 PEMFC 的应用领域主要集中在公交车及重型货车等大型商用车。纯电动汽车与燃料电池汽车应用情况对比如图 1-11 所示。

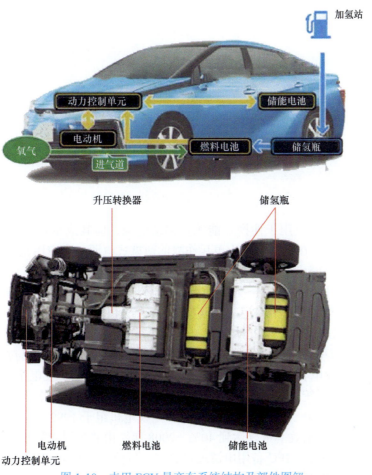

图 1-10　丰田 FCV 量产车系统结构及部件图解

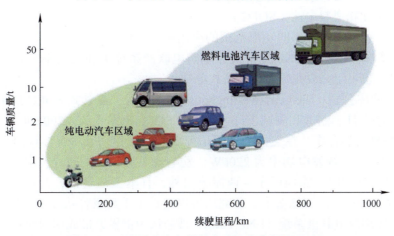

图 1-11　纯电动汽车与燃料电池汽车应用情况对比

2002 年，由德国著名的哈德威造船公司建造的世界第一艘 PEMFC 潜艇在德国基尔港下水测试，如图 1-12 所示，该潜艇采用西门子公司研发的 PEMFC 作为动力系统。日本海陆科学与技术中心于 2003 年成功测试了以燃料电池作为动力源的长航程自主无人潜航器，其采用的是由三菱重工研制的质子交换膜燃料电池。

图 1-12 "U31"号质子交换膜燃料电池潜艇

此外，PEMFC 还可应用于便携式能源及移动电源，但其成本较高，从目前的实际应用场合来看，PEMFC 仅在军事上作为单兵作战的便携式电源，或应用在一些特殊场合，如露营、野外求生、紧急救援、地震期间等。

Plug Power 是美国最大的质子交换膜燃料电池公司，早在 1997 年时便成功开发出全世界第一个以汽油为燃料的 PEMFC 发电机组。2002 年，Plug Power 公司开始供应发电容量为 7kW 的 GEHomeGen 7000 型 PEMFC 发电站，它足够满足一个家庭的用电需求。其电效率 30%，热电联合效率 70%，以天然气或液化石油气为燃料。加拿大巴拉德动力系统公司于 1999 年开发出了发电容量为 250kW 的 PEMFC 发电系统，这个发电量可供 50～60 个家庭使用。巴拉德动力系统公司已经先后在加拿大、德国、瑞士及日本等地安装了数部机组进行示范运转发电。其中，第一部 250kW PEMFC 发电机组于 1999 年开始安装在美国克雷恩市海军装备中心，发电效率可以达到 40%。2008 年，由武汉银泰科技燃料电池有限公司开发的我国首台通信用 PEMFC 备用电源通过鉴定。目前国内开发 PEMFC 备用电源的公司有上海攀业公司、昆山弗尔赛能源公司、江苏双登公司等。

（5）固体氧化物燃料电池（SOFC）

SOFC 能够适用于多种不同功率范围的应用场景，包括小功率移动电源（如 500W 充电设备）、中功率供电电源（如 5kW 级家庭热电联产系统）和大功率（如 100～500kW）的小型发电站，也可组合成兆瓦级的分布式电站。

西门子－西屋公司（Siemens-Westinghouse Company）是管式 SOFC 技术的开拓者和领航者。它已经设计、制造和测试了许多完整的 SOFC 电站系统。2002 年 5 月，西门子－西屋公司与加州大学合作，在美国加利福尼亚州安装了第一套 SOFC-GT 联合发电系统，如图 1-13 所示。该系统发电功率为 220kW，发电效率为 58%，随着技术的进步，系统发电效率预计可达到 70%。除西门子－西屋公司外，日本三菱重工、九州电力公司、长崎造船所、东陶公司和德国海德堡中央研究所等也进行了千瓦级管状 SOFC 发电试验。日本 NEDO 研发的家用热电联供系统"ENE Farm"被公认为世界上最成功的 SOFC 商业化项目，如图 1-14 所示，自 2009 年 5 月进入市场以来累计销售已超过 11 万台。其主要为公寓型和独栋型住宅提供电能和热水，在节能减排以及电力的削峰填谷方面做出了很大贡献。

在新能源汽车领域，2016 年日产公司推出了"e-Bio Fuel-Cell"固体氧化物生物燃料电池概念车（图 1-15）。这是世界首款以 SOFC 为动力的车，燃料为生物乙醇，主要用于应急救援，据报道该车续驶里程可超过 600km。

图 1-13　SOFC-GT 联合发电系统

图 1-14　日本的"ENE Farm"系统

图 1-15　日产"e-Bio Fuel-Cell"固体氧化物生物燃料电池概念车

SOFC 还可应用在油气工业中,具有气源基础好、应用场景多、油气业务融合发展等优势。国际大型油气公司纷纷进军 SOFC 领域,并开展现场示范和商业应用。荷兰壳牌公司参与了欧盟 H2020 计划中的 CH2P 和 SWITCH 项目,重点开发 SOFC 和 RSOC 在加氢站的应用。法国道达尔公司是全球最先进的 SOFC 企业——德国 Sunfire 的投资者之一,正在德国启动 E-CO$_2$Met 项目,2022 年在德国 Leuna 炼油厂建设兆瓦级 SOFC 耦合工业蒸汽电解制氢,电解设备制造的绿色氢与精炼厂生产过程中产生的高纯度二氧化碳结合,形成绿色甲醇。

此外,SOFC 可与多种动力装置组成联合动力系统,可应用在汽车、船舶、航空航天等领域,具有广阔发展潜力。但目前 SOFC 多联产系统均处于理论研究阶段,要完成实际应用仍需进一步探索。SOFC 还可应用在便携式移动电源、备用及应急电源等方面,但都仅限于军工领域,且目前仍处在研发阶段,距离大规模商业化应用仍有一定距离。

（6）直接甲醇燃料电池（DMFC）

目前,众多便携式电子产品如笔记本电脑、手机、数码相机以及手持 GPS 等,在电源供应方面大多依赖锂离子电池。锂离子电池在过去为这些产品的广泛应用和普及起到了极为关键的作用,它使得这些设备能够在脱离固定电源的情况下正常运行,极大地方便了人们的生活、工作与出行等多方面的活动。

然而,科技的持续进步使得人们对便携式电子产品的性能要求愈发提高,尤其是在续航能力方面。锂离子电池在发展到如今阶段后，其能量密度的提升面临着极为严峻的挑战，进一步提升的空间已经变得极为有限。这种现状难以满足未来便携式电子产品在体积更小、续航更持久等多方面的发展需求。

在这样的背景下，全球各大电子产品制造商开始将研发重点转移到燃料电池上面。像三星、松下、东芝、NEC、索尼等行业内颇具影响力的企业，都积极投入到燃料电池相关技术的研发工作当中，并陆续推出了多款采用燃料电池的笔记本电脑、手机、数码相机等产品。在这些便携式电子产品所使用的燃料电池类型里，直接甲醇燃料电池占据了主导地位。该燃料电池通常会采用高浓度甲醇，甚至是纯度达到 100% 的甲醇作为燃料。这种燃料选择方式具有显著的优势，它能够有效减少燃料的存储空间需求，从而大幅度缩小燃料盒的体积，电源整体的体积能量密度也得到了显著提升。这对于便携式电子产品的设计与制造而言意义重大，不仅有助于产品在外观设计上更加轻薄小巧，还能在不增加产品体积的前提下延长其续航时间，为便携式电子产品的未来发展提供了一种极具潜力的能源解决方案，有望推动整个行业在技术与产品形态上实现新的突破与变革。

第 2 章　燃料电池电化学基础

　　燃料电池是将燃料的化学能直接转换成电能的新型动力装置，而传统发电过程需通过三个步骤来完成化学能对电能的转换，即先通过燃料燃烧产生热量，再通过涡轮将产生的热量转换成机械能，最后将机械能转换为电能。由热力学第二定律可知，中间转换步骤的效率受卡诺效率限制。相较于传统热机，燃料电池不受卡诺循环的限制，具有更高的能源转换效率。燃料电池的热力学决定了电池的理论效率（最大效率、热力学效率），其取决于温度、压力等工作参数以及反应物和产物的物理状态。燃料电池的动力学通常指的是电极的反应动力学，用来研究阳极、阴极电化学反应的快慢。通过研究动力学，可以从电化学反应角度上分析并提高燃料电池的性能。本章首先基于热力学讨论了吉布斯自由能、电池电动势、电池效率的计算以及与热机的对比；其次在电极动力学中主要讨论了电池的极化现象和电极中的气体扩散。

2.1　燃料电池热力学

　　对于燃料电池，热力学是理解化学能转变为电能过程的关键，热力学可以判断一个燃料电池的化学反应能否自发地发生。热力学也可以告诉我们一个反应所能产生的电压上限。因此，热力学可以给出燃料电池的各个参数的理论值。

2.1.1　吉布斯自由能

　　吉布斯自由能 G 定义为：在等温、等压过程中，可用于外部工作的非体积功，即表明体系在等温等压下做非体积功的能力。反应过程中 G 的减少量是体系做非体积功的最大限度，且该最大限度在可逆途径得到实现，可作为反应进行方向和方式判据。

$$\Delta G = \Delta U + \Delta PV - T\Delta S = \Delta H - T\Delta S \tag{2-1}$$

式中，ΔU 为内能变化；P 为压力；V 为体积；T 为温度；ΔS 为熵变；ΔH 为焓变。

　　对氢氧燃料电池，外部工作包括沿外部电路移动电子。

　　吉布斯能量的变化量等于体系在可逆条件下能够对外做的非体积功，即最大非体积功，对于燃料电池来说，这种非体积功就是电功。

　　燃烧和爆炸对外不做非体积功，燃料电池对外做的功（即电功）大于简单的燃烧，而对外的发热要小于燃烧。电能转换到其他形式能的利用效率可高达 100%，而热能的利用由于热机的局限，效率较低。

吉布斯自由能与反应自发性的关系可表示为：$\Delta G > 0$，非自发；$\Delta G = 0$，平衡；$\Delta G < 0$，自发。

无论是燃烧、爆炸还是发电，各种过程的焓变 ΔH、熵变 ΔS 和吉布斯自由能变 ΔG 都是相同的。燃料电池中"吉布斯自由能"的概念很重要。

2.1.2 燃料电池电动势与能斯特（Nernst）方程

（1）燃料电池电动势

一个完整的氧化还原反应包含两个过程：还原剂的阳极氧化和氧化剂的阴极还原，在燃料电池中以电化学方式进行反应。根据化学热力学原理，该过程的可逆电功（即最大功）为

$$\Delta G = -nFE \tag{2-2}$$

式中，E 为电池电动势；ΔG 为反应的吉布斯自由能变化量；F 为法拉第常数（$F = 96485$ C/mol）；n 为反应转移的电子数。该方程建立了电化学与热力学之间的联系，是电化学基本方程。

图 2-1 所示为氢燃料电池反应原理。

阳极电极反应：

$$H_2 \longrightarrow 2H^+ + 2e^- \tag{2-3}$$

阴极电极反应：

$$\frac{1}{2}O_2 + 2H^+ + 2e^- \longrightarrow H_2O \tag{2-4}$$

总反应：

$$H_2 + \frac{1}{2}O_2 \longrightarrow H_2O \tag{2-5}$$

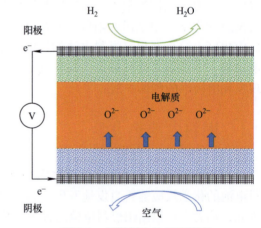

图 2-1　氢燃料电池反应原理

上述反应中转移的电子数为 2 个。当反应在 25℃、0.1MPa 下进行时，则由热力学手册可查得，如果反应生成的是液态水，反应的吉布斯自由能变化为 –237.2kJ；如生成的是气态水，则吉布斯自由能的变化为 –228.6kJ。

根据上述公式可求得电池的电动势分别为 1.229V、1.185V。实际运行时，受极化现象和温度变化的影响，电池的开路电压总是低于电动势。

（2）能斯特（Nernst）方程

对于一般的电池反应：

$$\alpha A + \beta B \longrightarrow \gamma C + \Delta D \tag{2-6}$$

式中，α 为反应物 A 的化学计量系数；β 为反应物 B 的化学计量系数；γ 为生成物 C 的化学计量系数；Δ 为生成物 D 的化学计量系数。

吉布斯自由能的变化可表示为

$$\Delta G = \Delta G^0 + RT \ln \frac{[C^\gamma][D^\delta]}{[A^\alpha][B^\beta]} \qquad (2\text{-}7)$$

式中，ΔG^0 为标准吉布斯自由能变化；R 为标准体积分数；T 为温度。

因此可以得到

$$\Delta E = \Delta E^0 + \frac{RT}{nF} \ln \frac{[A^\alpha][B^\beta]}{[C^\gamma][D^\delta]} \qquad (2\text{-}8)$$

式中，E 为电势；E^0 为电池的标准电势。从上式可看出，对于整个燃料电池，其总的电势随反应物活度或浓度的提高而增加，随产物活度或浓度的提高而减小。

2.1.3　理论效率的计算

燃料电池通常在恒温恒压下工作，因此可视为恒温恒压体系，其吉布斯自由能变化量可以表示为

$$\Delta G = \Delta H - T\Delta S \qquad (2\text{-}9)$$

式中，ΔH 为电池燃料释放的全部能量。

当体系处于可逆条件下时，吉布斯自由能的变化量就是系统所能做出的最大非体积功。

$$\Delta G_\tau = -W_\tau \qquad (2\text{-}10)$$

式中，W_τ 为系统最大的非体积功。对燃料电池里的电化学反应来说，这个最大的非体积功即最大电功。因此，燃料电池的理论效率为

$$\eta_\tau = \frac{W_\tau}{-\Delta H_\tau} = \frac{\Delta G}{\Delta H_\tau} = 1 - T\frac{\Delta S}{\Delta H_\tau} \qquad (2\text{-}11)$$

式中，η_τ 为燃料电池能实现的理论最大效率，即热力学效率。

由热力学可知：

$$\Delta G = \Delta H - T\Delta S \qquad (2\text{-}12)$$

式中，ΔH 为焓变；ΔS 为熵变。

对于任意电池的热力学效率（最大效率）可表示为

$$f_{id} = \frac{\Delta G}{\Delta H} = 1 - T\frac{\Delta S}{\Delta H} \qquad (2\text{-}13)$$

因此，燃料电池的热力学效率与其熵变过程有关，可能会出现效率大于、等于或小于 100% 的情况。燃料电池的热力学效率有时会大于 100%。

2.1.4　燃料电池与热机效率对比

目前广泛使用的将燃料的化学能转化为机械能或电能的装置是热机，包括蒸汽机和内燃机，其能量转换方式与燃料电池不同，图 2-2 比较了这两种能量转换过程。

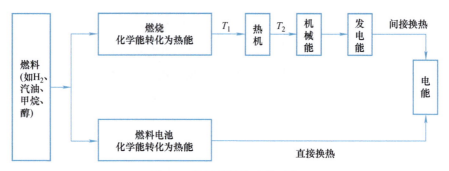

图 2-2　能量的转换过程对比

（1）热机效率

1）卡诺定理：所有工作于同温热源与同温冷源之间的热机，其热效率都不可能超过可逆机。

2）卡诺效率计算公式：

$$\eta_{max} = 1 - T_1 / T_2 \qquad (2-14)$$

3）热机系统效率：对于只有冷（T_1）、热（T_2）两源的热机系统，其最大效率为

$$\eta_{max} = 1 - T_1 / T_2 \qquad (2-15)$$

热机的效率公式可表示为

$$\eta = -W / Q \qquad (2-16)$$

式中，Q 为吸热；W 为做功。

（2）燃料电池效率

1）衡量尺度：将每摩尔燃料所释放的电能与同量燃料真正燃烧（恒温恒压下）所释放的热能（热焓的变化）相比，获得燃料电池的效率。

2）燃料利用率：实际工作过程中，燃料无法完全转化为电能，部分未参与反应的燃料会直接随废气被排出燃料电池系统，导致燃料利用率小于 100%。

真实燃料电池的效率要低于上述的极限效率，主要是电压损失和燃料的利用率导致。要使电压损失为 0，电化学反应在完全可逆的情况发生，需输出电流无穷小。实际是不可能的。

燃料电池将一部分化学能转化为电能的同时，剩余化学能转化为热能。热量主要有三个来源：①电化学反应热；②焦耳热（来自电池的内部电阻）；③存在的相变潜热。

2.2　电极过程动力学

上一节燃料电池的热力学讨论的是电极处于平衡状态时的情况，给出的是电极反应处于可逆状态下的信息，由热力学公式计算所得的燃料电池的电动势是其理论上可以获得的最大电势。这一电势只能在电极上无电流通过的情况下才能够达到。

实际上，燃料电池工作时必须有电能的输出才有意义，也就是说燃料电池工作时必然

要有电流流经电极和电解质。当有电流通过时，在电池的内部会发生一系列的物理和化学过程，可以简单归纳为：

1）反应物（如阳极的氢气、天然气、甲醇等和阴极的氧气）通过扩散与对流到达电极表面。

2）反应物在电极表面发生吸附和表面反应。

3）反应物发生脱附，离开电极表面。

4）离子在两电极间的电解质中迁移。

通常在化学反应中的电荷转移发生在两种化学物质之间，而在燃料电池中，电荷转移反应必须发生在电极和电解质的交界处。

2.2.1　法拉第定律

当燃料电池对外输出电能时，燃料和氧化剂的消耗量与输出电量之间的定量关系服从法拉第定律。

法拉第第一定律指出燃料和氧化剂在燃料电池内的消耗量 Δm 与电池输出的电量 Q 成正比，即

$$\Delta m = K_e Q = K_e It \tag{2-17}$$

式中，Δm 为反应物的消耗量；Q 为产生的电量（C）；I 为电流强度；t 为时间；K_e 为比例系数，是产生单位电量所需的反应物的量，称为电化当量。

电化学反应速度 v 定义为单位时间内物质的转化量：

$$v = \frac{d(\Delta m)}{dt} = K_e \frac{dQ}{dt} = K_e I \tag{2-18}$$

电流强度 I 也可以表示任何电化学反应的速度，若 F 表示 1 法拉第常数的电量，则 I/nF（n 为反应转移电子数）为用物质的量表示的电化学反应速度。

由于电化学反应都发生在电极与电解质的边界，因此，电化学反应速度与界面的面积也有关系。电流密度定义为电流强度 I 与反应界面的面积 S 之比，即它代表了单位电极面积上的电化学反应速度。

$$i = \frac{I}{S} \tag{2-19}$$

燃料电池都采用多孔扩散电极，反应是在整个电极的立体空间的三相（气、液、固）界面上进行。对任何形式的多孔气体扩散电极，由于电极反应界面的真实面积是很难计算的，通常是以电极的几何面积计算电流密度的，所得到的电流密度称为表观电流密度。显然，表观电流密度可以用来表示电化学反应速度。

2.2.2　极化

燃料电池工作的每一过程或多或少都存在着阻力，为了使电极反应不断进行，离子不断迁移，保证电池不断输出电能，就需要消耗燃料电池本身的能量来克服这些阻力。由此一来，电池的工作电压会低于其理论平衡电压，电池的实际效率会低于其理论最大效率。

必须将效率的降低控制到最小，因此要首先找出电压下降的原因。

从动力学的角度分析，极化现象导致了电池电压下降，即电池电压偏离平衡电压。根据产生的原因，极化可分为活化极化、欧姆极化和浓差极化。

（1）极化与过电位

电极无电流通过且电极过程处于平衡状态时的电势称为平衡电极电势 φ_{eq}，当有电流流过电极而致使电极过程偏离平衡时，此时的电势为实际电势 φ，这种实际电势偏离平衡电势的现象称为极化，定量表示极化程度大小的量就是过电位，通常用 η 表示。

当阳极发生极化时，电极电势向正向移动，即 $\varphi > \varphi_{eq}$。

当阴极发生极化时，电极电势向负向移动，即 $\varphi < \varphi_{eq}$。

因此阳极和阴极的实际电势分别为

$$阳极：\varphi_a = \varphi_{eq,a} + \eta_a$$

$$阴极：\varphi_c = \varphi_{eq,c} + \eta_c$$

电池的实际电压是正负两极电势差与两极间电阻导致的电压降之差，显然电极极化程度即

$$E = |\varphi_c - \varphi_a| - IR = \varphi_{eq,c} - \varphi_{eq,a} - (\eta_c + \eta_a) - IR$$
$$= E_\tau - (\eta_c + \eta_a) - IR \tag{2-20}$$

将静态电压 E_s 与燃料电池工作时的电压 V 之差定义为过电位，即 $\eta = E_s - V$。η 的大小决定了电池的实际输出电压大小，过电位越大，电阻越大，则电池的电压越小。当燃料电池工作并输出电能时，反应物的消耗量与输出电量之间的关系服从法拉第定律。电池的电压也从电流密度为零时（$i = 0$）的静态电势 E_s 降为 V，因此实际电压值与电化学反应速率有关。通常将极化电压 V 与极化电流 I 或极化电流密度 i 的关系曲线称为极化曲线，即伏安特性曲线（$V-I$ 或 $V-i$）。

极化是电极由静止状态（$i = 0$）变为工作状态（$i > 0$）所产生的电池电压、电极电位的变化，同样，极化也可表示电池由静止状态转为工作状态能量损失的大小，因此要减小极化来降低能量损失。

（2）电化学极化（活化极化）

任何电极过程均包含一个或多个质点接收或失去电子的过程，由这一过程引起的极化称为电化学过电位或活化过电位。当电化学反应由缓慢的电极动力学过程控制时，即电化学极化与电化学反应速度有关，该过程发生在电极表面上。与一般化学反应一样，电化学反应的进行也必须克服被称为活化能的势垒，即反应阻力。

活化过电位的计算利用塔菲尔（Tafel）半经验公式：

$$\eta_{act} = a + b \lg i \tag{2-21}$$

式中，a 相当于电流密度为 $1A/cm^2$ 时的过电位；b 为 Tafel 斜率。Tafel 斜率的意义表示为：若室温下一般电化学反应的 Tafel 斜率是 100mV，则电流密度增大 10 倍，活化过电位即增加 100mV；若 Tafel 斜率仅为 50mV，则电流密度增大 10 倍，活化过电位仅增加 50mV。活化过电位曲线如图 2-3 所示。

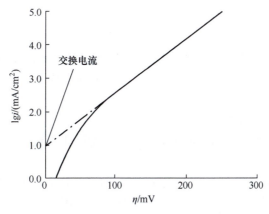

图 2-3　活化过电位曲线

Tafel 经验方程的理论形式由 Butler-Volmer 推导出。

$$\eta_{act} = a + b\ln j \tag{2-22}$$

$$\eta_c = -\frac{RT}{anF}\ln j_0 + \frac{RT}{anF}\ln j \tag{2-23}$$

$$a = -\frac{RT}{anF}\ln j_0 \tag{2-24}$$

$$b = \frac{RT}{anF}\ln j \tag{2-25}$$

式中，a 为传递系数；j_0 为交换电流密度。

　　根据上式，常数 a 相当于单位电流密度下的过电位，其值越小，则极化程度越小。即在较小的过电位情况下，可获得较大的电流输出，或者说在同样的输出电流下，电压损失越小。电极表面状态、电极材料、电解质组成及温度等因素均会影响 a 的值。据式（2-24），对于某一电极反应，n 一定，a 的变化范围在 $0 \sim 1$ 之间，a 的大小主要取决于交换电流密度 j 的大小，交换电流密度越大，则 a 越小。因此，电池阴阳两极上发生的电化学反应的交换电流密度对电池性能的好坏至关重要，其值越大越有利。

　　交换电流密度 j_0 可通过实验测定。首先测定 Tafel 曲线，将电流密度较高时的直线部分延长，延长线在 $\lg i$ 轴上的截距为交换电流密度的对数值 $\lg j_0$。表 2-1 给出了 25℃下几种光滑金属电极氢电极的交换电流密度 j_0。

表 2-1　酸性电解质中不同金属电极氢电极交换电流密度

金属种类	Pb	Zn	Ag	Ni	Pt	Pd
$j_0/\text{mA}\cdot\text{cm}^{-2}$	5×10^{-10}	3.0×10^{-8}	4×10^{-4}	6×10^{-3}	0.5	4

　　交换电流密度的大小表示电极材料催化性能的好坏。显然，不同电极材料的催化性能存在显著的差别，Pd 对氢的催化活性最高，其次是 Pt，而 Pt 则比 Pb 低了 10 个数量级。Pt 由于具有良好的催化活性和化学稳定性，所以目前 PEMFC、AFD 和 PAFC 均将其用作

阳极催化剂。同样，不同材料的氧电极的交换电流密度差别也很大。通常氧电极的交换电流密度远低于氢电极，即使使用活性高的 Pt 为催化剂也是如此。所以，对于氢氧燃料电池，阳极的过电位要比阴极的过电位低很多，电池的极化主要发生在阴极。

因此，降低电极的 Tafel 斜率是降低活化过电位的重要途径，也是当前电极催化领域所面临的重要课题。

以下为减少活化极化的途径：

1）提高交换电流密度和减小 Tafel 斜率可有效地减少活化极化，从而提高电池的电压效率。

2）特别是对于多电子、多步骤的复杂电极反应，比如氧气电化学还原、甲醇的电化学氧化等，提高反应效率、降低活化过电位尤其重要，因为这些电极反应往往是影响电池性能的主要部分。

基于对以上影响交换电流密度因素的分析，通常有如下方法来提高交换电流密度，减少电极活化极化对电池性能的影响：①使用活性高、比表面较大的催化电极；②适当提高电池的工作温度；③适当增大反应物的浓度。

受到电池工作条件的限制，特别是低温燃料电池，如 PEMFC、DMFC，提高温度和浓度对电池性能的改善是有限的。因此，研制高活性、比表面大的电极催化剂就显得尤为重要，电催化剂的研究在低温燃料电池的研究中占很大比重。

（3）浓差极化

当燃料电池放电时，燃料和氧化剂被不断消耗，同时产物在两电极上不断生成。如果反应物传输至电极的速率小于其消耗速率，或者产物脱离电极的速率小于其生成速率，则电极表面反应物的浓度将低于其本体浓度，且产物浓度将高于其本体浓度。也就是说，表面浓度和本体浓度之间将存在浓度差。这种由浓度差异引起的极化称为浓差极化，导致的过电位为浓差过电位 η_{conc}。

浓差极化是由缓慢的质扩散过程引起的，反应物到达反应区和产物离开反应区的速度不是无限大的，使电极表面附近的反应物贫乏或产物积累，与本体浓度发生偏离，造成电极电动势偏离按照本体浓度计算的平衡值。

迁移和纯化学转变均能导致电极反应区参加电化学反应的反应物或产物浓度发生变化，进而导致电极电位改变，即产生浓差极化，如图 2-4 所示。

为简化讨论，忽略产物引起的浓度极化，只考虑反应物扩散缓慢引起的浓度极化。假设反应物表面浓度为 c_{s}，本体浓度为 c_{b}，则浓差过电位与浓度间的关系为

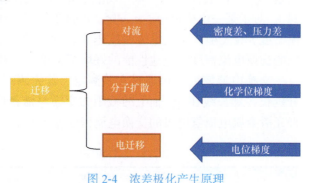

图 2-4　浓差极化产生原理

$$\eta_{\mathrm{conc}} = |\varphi - \varphi_{\mathrm{eq}}| = \frac{RT}{nF}\ln\frac{c_{\mathrm{b}}}{c_{\mathrm{s}}} \tag{2-26}$$

反应物向电极表面的传递过程遵循菲克第一定律，即

$$\frac{j}{nF} = D\left[\frac{\alpha_{c(x,\ t)}}{\alpha_x}\right] \approx D\frac{c_b - c_s}{\delta} \qquad (2\text{-}27)$$

式中，D 为反应物扩散系数；δ 为电极表面反应物扩散层厚度。

当电极电势远远偏离其平衡值（阳极电势远高于其平衡电势或阴极电势远低于其平衡电势）时，电极反应的推力足够大，电极反应也就足够快，反应物到达电极表面时就立刻被反应掉，此时反应物在电极表面上的浓度 $c_s = 0$。这一条件下的电极反应产生的电流密度达到极限值，成为极限电流密度 j_L。

燃料电池的总活化过电位 η_{act} 为阳极过电位 $\eta_{act,a}$ 与阴极过电位 $\eta_{act,c}$ 之和，即

$$\eta_{act} = \eta_{act,a} + \eta_{act,c} = b_a \ln\left(\frac{j}{j_{0,a}}\right) + b_c \ln\left(\frac{j}{j_{0,c}}\right) \qquad (2\text{-}28)$$

从上式可知，极限电流密度 j_L 与扩散系数和本体浓度成正比，与扩散层厚度成反比。提高工作温度可增大扩散系数，提高反应物流速可减小扩散层厚度。因此，可通过提高反应温度、增加反应物流速、增大反应物浓度来提高极限电流。

$$\frac{j_L}{nF} = D\frac{c_b}{\delta} \qquad (2\text{-}29)$$

由式（2-27）与式（2-29）可得

$$\frac{c_s}{c_b} = 1 - \frac{j}{j_L} \qquad (2\text{-}30)$$

由式（2-30）代入式（2-26）可得

$$\eta_{conc} = -\frac{RT}{nF}\ln(1 - j_L) = \frac{RT}{nF}\ln\left(\frac{j_L}{j_L - j}\right) \qquad (2\text{-}31)$$

令 $B = \dfrac{RT}{nF}$，则

$$\eta_{conc} = B\ln\left(\frac{j_L}{j_L - j}\right) \qquad (2\text{-}32)$$

式（2-32）为浓差过电位与电流密度间的关系，从中可以看出，随着电流密度的增大，浓差极化程度增加。当 $j \ll j_L$，浓差极化不明显；当 j 接近于 j_L 时，浓差极化明显。

在燃料电池放电时，只要电池的工作电流密度达到两个电极中的任意一个的极限电流密度，则整个电池的电压将急速下降至零，无论另一个电极的极限电流密度为何值。整个电池的浓差过电位也可用式（2-31）表示。

假设电池中只有浓差极化造成电压损失时，电池的输出电压可表示为

$$E = E_r - \eta_{conc} = E_r - B\ln\left(\frac{j_L}{j_L - j}\right) \qquad (2\text{-}33)$$

图 2-5 所示为浓差极化时燃料电池的电压 – 电流密度曲线，图中曲线在下面条件下获

得：假设电池的平衡电压 $E_r = 1.2\mathrm{V}$，常数 $B = 0.26$（即 $T = 300\mathrm{K}$，$n = 1$），极限电流密度分别固定在 $0.5\mathrm{A} \cdot \mathrm{cm}^{-2}$、$1.0\mathrm{A} \cdot \mathrm{cm}^{-2}$、$1.5\mathrm{A} \cdot \mathrm{cm}^{-2}$。

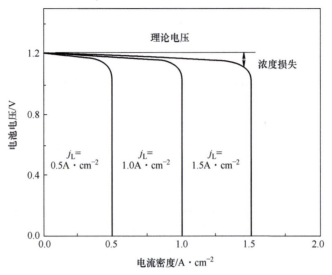

图 2-5　浓差极化时燃料电池的电压 – 电流密度曲线

从图 2-5 中可以看出，浓差极化只有在大电流密度下（接近极限电流密度时）才会显著影响燃料电池的性能。当明显的浓差极化出现时，即表明燃料电池的实际可输出电流接近上限。因此在燃料电池的设计过程中，必须尽可能增大极限电流密度，避免电池过早进入浓差极化控制区。可以从优化电极结构和运行参数（如增大反应物浓度、提高工作温度、提高反应物流速）等方面来提高极限电流密度。

（4）欧姆极化

欧姆极化是由电解质中的离子或电极中的电子导电阻力引起的：

$$\eta_{\Omega} = IR \qquad (2\text{-}34)$$

式中，R 为总电阻，包括电子、离子和接触电阻。

总之，影响过电位的因素除了压力、温度和电流密度外，还有电极和电解质的材料、电极的表面状态、电解质的性质等。

欧姆过电位可定义为：当燃料电池工作时，电子要流过电极、集流体等电子导体，离子要在两电极间的电解质（离子导体）中运动，电子和离子的流动都会受到阻力（通称电阻），从而导致一个电压降，即欧姆过电位。

由于电子导体和离子导体都遵守欧姆定律，因此，欧姆过电位 η_{Ohm} 可以表示为

$$\eta_{\mathrm{Ohm}} = iR_{\Omega} = jR_{\mathrm{ASR}} \qquad (2\text{-}35)$$

式中，i 为通过燃料电池的电流；R_{Ω} 为燃料电池的总电阻，包括离子导体电阻、电子导体电阻及接触电阻等，由于燃料电池产生的电流要经过所有导体，故总电阻即各部分电阻的简单加和（串联）；j 为通过燃料电池的电流密度；R_{ASR} 为面积比电阻。R_{ASR} 等于燃料电池的面积乘以欧姆电阻：

$$R_{ASR} = A_{fuel\ cell} R_\Omega \qquad (2\text{-}36)$$

欧姆过电位严格来说应称为电池的欧姆电压降。它的存在会增加电池的电压损失，降低电压效率，尤其是在电池工作电流较大时。因此，降低欧姆损失也是燃料电池一个重要的研究方面。电解质的电阻大小通常在燃料电池中起主要作用，故减少欧姆极化通常从离子导体入手，采取的措施包括缩短阴阳两电极间的距离（即减小电解质厚度）和提高电解质的电导率。只有欧姆极化时，电池电压 $E = E_r - iR_\Omega$。

（5）燃料电池的极化曲线

通过热力学分析可知，当燃料电池中没有净电流通过时，阴阳两电极处于平衡态，此时亦无浓度极化和欧姆极化。因此，电压为由吉布斯自由能变化决定的平衡电动势 E，它等于阴极与阳极的平衡电极电势之差。燃料电池可能达到的最大电压为 E_r，公式为

$$E_r = -\frac{\Delta G_r}{nF} = \varphi_{eq,c} - \varphi_{eq,a} \qquad (2\text{-}37)$$

通过动力学分析可知，当燃料电池输出电流对外做功时，将会产生活化极化、浓度极化和欧姆极化，从而导致电池的实际输出电压要低于热力学平衡电压。

各种极化过程导致的电压损耗可叠加，故燃料电池的实际输出电压为

$$E = E_r - (\eta_{act} + \eta_{conc} + \eta_{ohm}) \qquad (2\text{-}38)$$

$$E = E_r - \left[b_a \ln\left(\frac{j}{j_{0,a}}\right) + b_c \ln\left(\frac{j}{j_{0,c}}\right) \right] - \ln\left(\frac{j_L}{j_L - j}\right) - jR_{ASR} \qquad (2\text{-}39)$$

燃料电池的极化曲线如图 2-6 所示，其纵坐标为燃料电池的输出电压，横坐标为燃料电池输出的电流密度。极化曲线可以看作由 3 个特征区域组成。在低电流密度区，电压损失主要由活化极化引起，表现为电池电压随电流密度增加迅速下降（对数变化）；在中电流密度区，电压损失主要来自欧姆极化，表现为电压随电流密度增加直线下降（线性变化）；当电流密度继续增加而达到极限电流时，则电池电压急速下降（对数变化），这一电压骤降中主要是由浓差极化引起（质量传输）。

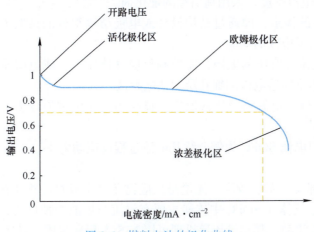

图 2-6　燃料电池的极化曲线

任何极化的发生都将导致电池性能的下降。燃料电池研究的重要方向之一就是尽量降低活化过电位、浓差过电位及欧姆过电位，使电池实际输出电压尽可能靠近热力学理论平衡电压。

2.2.3 多孔气体扩散电极

电极是发生能量转换反应的场所。由于燃料电池的反应物多为气态，而气体在电解质中的溶解度很低，因此大多电极反应为多相反应。燃料电池技术上的发展在很大程度上取决于电极材料的发展。气体扩散电极的发展则是电极材料的最重大突破，使燃料电池实现从原理研究到实用的飞跃。

为了提高燃料电池的实际工作电流密度，减小极化程度，现阶段主要通过两种方式来提高燃料电池的性能：①增加电极的实际表面积；②减少液相传质的边界层厚度。

下面以氧气的还原反应为例来说明多孔气体扩散电极应具备的功能，在酸性电解质中氧的反应为

$$\frac{1}{2}O_2 + 2H^+ + 2e^- \longrightarrow H_2O \qquad (2-40)$$

为了使该反应在催化剂（Pt/C）处连续而稳定进行，电子必须传递到反应点（区），即电极内要有电子传导通道，它是由导电功能的电催化剂（Pt/C）来实现的，燃料和氧化剂需要迁移扩散到反应点，即电极内要有气体扩散通道。气体扩散通道由未被电解液填充的孔或憎水剂中未被电解液充塞的孔道充当。电极反应要有离子参与，即电极应具备离子通道，它是由浸有电解液的孔道或电极内掺入的离子交换树脂等构成。

对于低温燃料电池，电极反应生成的水必须迅速离开电极，电极内还应有液态水的迁移通道，它是有亲水的电催化剂中被电解质填充的孔道来完成的，故对于电极应具备电子通道、气体扩散、离子通道、液态水迁移通道。

综上所述，以气体为反应剂的性能优良的多孔气体扩散电极应具备如下特点：

1）较高的实际比表面（单位质量下电极的表面积）。

2）较高的极限扩散电流密度，保证在三相边界反应区液相传质层很薄。

3）较高的交换电流密度，采用高活性的催化剂。

4）保持反应区的稳定，即通过结构设计或电极结构组分的选取（如加入聚四氟乙烯类憎水剂）达到稳定反应区的功能。

5）对于反应气体有背压的电极，需控制反应气体压力，或电解质膜应有很好的阻气功能，保证反应气体不穿透电极的细孔层到达电解液。

6）对于反应气体与电解液等压或反应气体压力低于电解液压力的电极，在电极气体侧需置有透气阻液层。

下面以高温燃料电池 SOFC 为例介绍其电池过程反应动力学。

（1）动量传递

由于 SOFC 内部反应温度较高，无论是反应物还是生成物，物质在 SOFC 电池中的传质过程均为单相流，气体在 SOFC 中传递主要有对流与扩散两种形式，在气体流道中反应气体以自由流动状态流动，其动量传递机理可用 N-S 方程来表述，具体如下：

$$\rho \frac{\partial \boldsymbol{u}}{\partial t} + \rho \boldsymbol{u} \nabla \boldsymbol{u} = -\nabla p + \nabla \left\{ \mu [\nabla \boldsymbol{u} + (\nabla \boldsymbol{u})^{\mathrm{T}}] - \frac{2}{3} \mu (\nabla \boldsymbol{u}) \boldsymbol{I} \right\} + \boldsymbol{F} \qquad (2\text{-}41)$$

$$\rho \frac{\partial \boldsymbol{u}}{\partial t} - \nabla(\rho \boldsymbol{u}) = 0 \qquad (2\text{-}42)$$

式中，ρ 为流体的密度；$\boldsymbol{u}$ 为流体的速度；p 为压力；μ 为流体的动力黏度。

而在多孔电极中，气体的主要以扩散形式流动，其动量传递机理可用达西定律来表述，具体如下：

$$\frac{\rho}{\varepsilon} \left[\frac{\partial \boldsymbol{u}}{\partial t} + (\boldsymbol{u} \nabla) \frac{\boldsymbol{u}}{\varepsilon} \right] = -\nabla p + \nabla \left\{ \frac{\mu}{\kappa} [\nabla \boldsymbol{u} + (\nabla \boldsymbol{u})^{\mathrm{T}}] - \frac{2\mu}{3\varepsilon} (\nabla \boldsymbol{u}) \boldsymbol{I} \right\} - \left(\frac{\mu}{\kappa} + \frac{Q_{\mathrm{br}}}{\varepsilon^2} \right) \boldsymbol{u} + \boldsymbol{F} \qquad (2\text{-}43)$$

$$\frac{\partial(\varepsilon \rho)}{\partial t} + \nabla(\rho \boldsymbol{u}) = Q_{\mathrm{br}} \qquad (2\text{-}44)$$

式中，ε 为多孔介质的孔隙率；κ 为渗透率；Q_{br} 为质量源项；$\boldsymbol{F}$ 为体积力矢量；$\boldsymbol{I}$ 为单位矩阵。

（2）质量传递

气体分子在多孔电极反应的扩散模型根据反应组分的种类以及平均自由程与多孔电极中径粒的大小可分为尘气扩散模型、Maxwell-Stefan 扩散模型、菲克扩散模型，不同的扩散模型将会对多孔电极中物质扩散有不同程度的影响。

尘气扩散模型是被公认的用来描述多组分气体在多孔介质内扩散规律的最精确模型，它的一般形式如下：

$$\frac{N_i}{D_{i,k}^{\mathrm{eff}}} + \sum_{j=1, j \neq i}^{n} \frac{y_j N_i - y_i N_j}{D_{i,j}^{\mathrm{eff}}} = -\frac{\mathrm{d} c_i}{\mathrm{d} x} - \frac{1}{P} c_i \frac{\mathrm{d} p}{\mathrm{d} x} \left(1 + \frac{\xi p}{D_{i,k}^{\mathrm{eff}} \mu_{\mathrm{mix}}} \right) \qquad (2\text{-}45)$$

式中，N_i 为物质 i 的通量；$D_{i,k}^{\mathrm{eff}}$ 为物质 i 的有效克努森扩散系数；y_i 和 y_j 为物质 i 和 j 的摩尔分数；$D_{i,j}^{\mathrm{eff}}$ 为物质 i 和 j 的有效二元扩散系数；c_i 为物质的浓度；p 为气体分压力；P 为系统压力；ξ 为渗透率；μ_{mix} 为系统混合黏度。

式（2-45）中等号左边第一项表示克努森扩散对整体扩散作用的影响，左边第二项表示多组分气体的混合扩散项，等号右边第一项表示浓度差对扩散作用的影响，右边第二项表示压力对梯度对物质扩散的影响。

尘气模型的方程对于多组分的扩散气体具有很高的精度，但是对于二元物系扩散来说，使用尘气模型在计算量上就有些庞大了。因此对于二元物系扩散，可以使用一些计算量稍小但精度依然较高的扩散模型来进行计算。

Maxwell-Stefan 扩散模型是忽略掉尘气模型中的压力项和克努森扩散项之后所得到的模型，其计算公式为

$$\sum_{j \neq i} \frac{y_j N_i - y_i N_j}{D_{i,j}^{\mathrm{eff}}} = -\frac{\mathrm{d} c_i}{\mathrm{d} x} \qquad (2\text{-}46)$$

Maxwell-Stefan 扩散模型只考虑了二元组分的扩散作用，对于多组分的气体来说并不适用。模型中也没有考虑克努森扩散对于分子扩散作用的影响，对于多孔介质中细小孔径

下由克努森扩散主导的扩散来说精度并不高。因此 Maxwell-Stefan 扩散模型的适用范围为大孔径下的二元组分的扩散作用。

菲克扩散模型（Fick 模型）是描述多孔介质中物质扩散的最简单的扩散模型。Fick 模型考虑了扩散和对流这两种传输情况，其表达式为

$$N_i = -D_i^{\text{eff}} \frac{dc_i}{dx} + c_i v = -D_i^{\text{eff}} \frac{dc_i}{dx} + c_i \frac{\xi}{\mu_{\text{mix}}} \frac{dp}{dx} \tag{2-47}$$

Fick 模型适用于单分子或二元分子扩散系统。为了描述克努森扩散在多孔介质中的作用，在 Fick 模型的扩散系数中引入克努森扩散项，这样的 Fick 模型称为"修正的 Fick 模型"。采用修正的 Fick 模型来计算气体的扩散规律，不仅可以达到较高的计算精度，而且可以大大简化整个计算过程的计算量。

（3）电荷传递

燃料电池的电荷传递过程通常采用 Butler-Volmer 方程进行表示，该方程表述了电流密度与活化超电势之间的关系，对于阳极和阴极均适用，表达式为

$$i = i_0 \left\{ \frac{c_R}{c_R^0} \exp\left(\frac{\alpha nF\eta_{\text{att}}}{RT} \right) - \frac{c_O}{c_O^0} \exp\left(\frac{-(1-\alpha)nF\eta_{\text{adt}}}{RT} \right) \right\} \tag{2-48}$$

式中，c_R^0、c_O^0 分别为电极中还原性物质、氧化性物质的参考浓度；c_R、c_O 分别为电极中还原性物质、氧化性物质的实际浓度。

（4）热量传递

在 SOFC 中，多孔电极中的传热机制主要包括多孔电极中的热传导、流体区域的对流传热两种，表达式如下：

$$\rho C_p V \cdot \nabla T + \nabla \cdot (-\lambda_{\text{eff}} \nabla T) = Q_h \tag{2-49}$$

式中，ρ 为组件材料的密度；C_p 为材料的恒压热容；λ_{eff} 为导热系数；Q_h 为热源项。

第3章 质子交换膜燃料电池核心部件

3.1 质子交换膜燃料电池发电原理

质子交换膜燃料电池（PEMFC）作为当今新能源技术的佼佼者，以其独特的发电原理和显著的优势，正逐步成为能源领域的研究热点和未来的重要发展方向。PEMFC 的核心在于其精密的构造与高效的电化学反应机制，它不仅实现了氢能与电能的直接转换，更在环保、高效、灵活等方面展现出了巨大的潜力。

如图 3-1 所示，PEMFC 的基本结构由膜电极和双极板组成，其中膜电极是核心部件。膜电极包括质子交换膜、阳极催化剂层、阴极催化剂层以及相应的扩散层。质子交换膜作为关键材料，其特性决定了燃料电池的性能。它只允许质子通过，而阻止电子和气体分子的渗透，从而确保了电化学反应的有序进行。阳极催化剂层和阴极催化剂层则涂覆有高效的电催化剂，这些催化剂能够加速氢气和氧气的电化学反应，提高电池的工作效率。扩散层则负责将反应物均匀分布到催化剂层上，确保反应的充分进行。

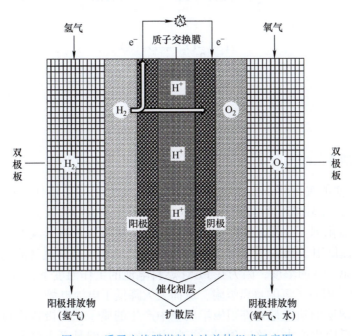

图 3-1 质子交换膜燃料电池单体组成示意图

在 PEMFC 的发电过程中，氢气和氧气分别作为燃料和氧化剂，通过阳极和阴极进入电池。在阳极，氢气在催化剂的作用下发生氧化反应，生成氢离子和电子。这些氢离子通过质子交换膜传递到阴极，而电子则通过外电路流向阴极，形成电流。在阴极，氧气与氢离子和电子结合，生成水并释放出电能。整个过程中，只有水作为唯一的排放物，实现了真正的零碳排放，体现了 PEMFC 的环保优势。

PEMFC 的高效性不仅体现在其能量转换效率上，更在于其灵活的操作性和广泛的应用前景。相比传统的发电方式，PEMFC 能够直接将化学能转化为电能，避免了热能损失和机械传动损失，从而提高了能量利用效率。同时，PEMFC 的操作简单灵活，可以根据需要调整输出功率，满足各种规模的电力需求。这使得 PEMFC 在分布式能源、智能电网、交通运输等领域具有广阔的应用前景。

质子交换膜两侧是阳极和阴极两个气体电极，包括催化剂层和扩散层。与膜电极紧密接触的是双极板，双极板是带有气体流动通道的石墨或表面改性的金属板。

PEMFC 属于低温燃料电池，工作温度一般为 40～80℃，PEMFC 中的电极反应类同于其他酸性电解质燃料电池。其工作原理是氢气和氧气通过双极板上的流场分别到达阳极和阴极，反应气通过电极上的扩散层到达与质子交换膜紧密接触的催化剂层，在膜的阳极一侧，阳极催化剂层中的氢气在催化剂作用下发生电极反应，氢气被解离成氢离子（质子）和电子，其反应为

$$阳极反应： \qquad H_2 \xrightarrow{\text{催化剂}} 2H^+ + 2e^-$$

阳极反应产生的电子经外电路到达阴极，氢离子则经质子交换膜到达阴极；氧气与氢离子及电子在阴极发生反应生成水；生成的水不稀释电解质，而是通过电极随反应尾气排出。

$$阴极反应： \qquad \frac{1}{2}O_2 + 2H^+ + 2e^- \xrightarrow{\text{催化剂}} H_2O$$

$$总反应： \qquad H_2 + \frac{1}{2}O_2 \longrightarrow H_2O$$

3.2 膜电极

3.2.1 质子交换膜

PEM 燃料电池的关键特征在于电解质的性质，聚合物膜的最佳工作温度目前限制在 40～90℃范围内（属于较低温度区域）。这意味着不能使用氢活性较低的燃料，而且必须在两个电极上添加催化剂。此外，低温操作意味着需要使用非常纯的氢气，以避免杂质污染催化剂。特别是提供用于 PEM 燃料电池的氢气的方法必须涉及富氢气流的后纯化阶段，以便在 10^{-6} 级别降低 CO 的浓度，因为在 PEM 燃料电池的工作温度下，CO 可以很容易地吸附在 Pt 催化剂上，阻碍了氢的解离吸附，从而大大降低了电池电势。

聚合物膜电解质的功能是允许阳极半反应中产生的质子从阳极转移到阴极，在这里它们与被还原的氧反应生成水。该过程对于燃料电池操作当然是必不可少的，一方面是因为

它保证了电路在电池内部闭合，另一方面，膜也必须阻碍燃料和氧化剂之间的混合，并具备与燃料电池的操作条件（温度、压力和湿度）相适应的化学和力学性能。

膜应用得最多的材料是基于四氟乙烯（TFE）与全氟磺酸盐晶体的共聚物。所得到的共聚物由其中一些氟原子被磺化侧链取代的聚四氟乙烯聚合物链（PTFE，商业上称为 Teflon）构成。单体全氟磺酰氟乙基丙基乙烯基醚用于 Dupont 公司的商品化膜，注册商标为 Nafion。图 3-2 所示为 PEM 燃料电池中最常用的电解质材料，其中 x、y 和 z 系数的值因制造商而异。

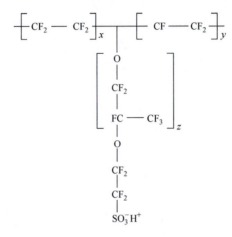

图 3-2　Nafion 膜的分子结构

在这种类型的膜以及其他制造商生产的类似产品中，类 Teflon 主链具有非常高的耐化学性（由于碳和氟之间的牢固结合）、高疏水特性和良好的机械性能。疏水特性有利于将产品水排出池外，以防止泛滥现象，同时机械强度允许生产非常薄的薄膜（厚度低至 $50\mu m$）。

由于质子和来自不同分子的磺酸根阴离子之间的相互吸引，磺酸基团中氧和氢之间的离子键有利于共聚物整体结构内侧链的聚集。因为磺酸基团具有高度亲水性，所以它们在原本疏水的材料内聚集产生对水分子具有强亲和力的纳米域，使其可以吸收高达其干重 50% 的水分。这样，在亲水区周围由大量水分子形成了液态水域，其中质子与磺酸根阴离子弱结合（质子与磺酸的解离也是由水促进），并且能够在邻近的纳米域之间移动和转移。这种移动和转移受到长链聚合物的支撑。质子传导的这种机制是磺酸基之间通过水溶剂扩散和质子跳跃，两者兼而有之。以上机制解释了 Nafion 膜中质子迁移的最被认可的机制。为了使 Nafion 具有令人满意的质子传导性（至少 0.01S/cm），疏水性单体与亲水性单体的数量比必须大致在 3～7 的范围内。在 PEM 燃料电池操作条件下，良好润湿的类 Nafion 膜的质子传导率可高达 0.2S/cm。

膜具有一定的润湿必要性以及相应的干枯脱水的风险，因此一般将质子交换膜燃料电池的操作温度限制在 100℃ 以下。

质子交换膜燃料电池中的水最初是以气相形式产生的，因此来自气相的膜的润湿相对于液态水的吸收更为重要。特别是当通过气态收集水时，两种不同的机理可以区分开来：在较低的蒸汽浓度下，在膜内部发生离子溶剂化，而在预饱和气态条件下观察到聚合物溶胀，同时容纳较大量水。在这方面，已经提出了一个多项式方程来将膜的含水量与水分压关联起来：

$$\lambda = 0.043 + 17.18 \frac{p}{p_{\text{sat}}} - 39.85 \left(\frac{p}{p_{\text{sat}}} \right)^2 + 36 \left(\frac{p}{p_{\text{sat}}} \right)^3 \qquad (3-1)$$

式中，λ 为共聚物中存在的每个磺酸基团对应的水分子的数量；p 为水蒸气分压；p_{sat} 为饱和压力。

聚合物膜可以接收的最大含水量还取决于水的状态。Nafion 膜从液态的水中吸收获取的水，要比只从蒸汽相吸收多大约 50%。然而，与质子交换膜燃料电池的膜接触的过量液态水会引发所谓的"水淹"现象，导致膜的离子电导率严重下降。如果将温度提高到 90℃，那么膜的质子传导性会显著改善，而低湿度条件下却发现 Nafion 膜会快速降解。因此，对聚合物膜进行精确加湿是提高质子交换膜燃料电池性能和可靠性的措施之一。如果目前使用的聚合物膜在高度水合条件下表现出较好的性质（高电导率、化学稳定性和机械柔韧性），那么在高于 90℃的温度下维持高湿度的话，则需要将进气压力提高，这可能意味着能量成本与从这些系统中获得预期的高效率不相吻合。

由于这个原因，目前正在进行许多研究探讨优化质子交换膜的可能性，即研制一种具有与含水量无关的质子传导能力或更高的保水能力的膜，能够在高于 100℃的温度（120～150℃）和低压下运行质子交换膜燃料电池。这种膜也可以对 CO 的耐受性进行改进，由热力学分析可知，在较高温度下 CO 在 Pt 上的吸附能力会下降。目前已经发现，Pt 在 80℃时 CO 的耐受度为 $10 \times 10^{-6} \sim 20 \times 10^{-6}$，但在 130℃时变为 1000×10^{-6}，并且在 20℃时上升到 30000×10^{-6}。最近的研究结果证明，CO 浓度在 2%～5% 范围内的典型重整气可以直接从燃料处理器供给工作温度高于 180℃的质子交换膜燃料电池。以这种方式，可以通过燃料重整流的催化选择性氧化来清除 CO，从而显著提高整个系统的效率。此外，因为除热率与系统和环境之间的温度差成正比，所以质子交换膜燃料电池工作温度在 120℃以上将简化燃料电池冷却装置，使得可以使用目前在内燃机车辆内部采用的散热器，从而使得质量能量密度增加和整体效率提高。而且，从高温质子交换膜燃料电池回收的热量会更高，使其在热电联产领域的应用更具吸引力。最后，水的管理也将大大简化，因为在 100℃以上工作的质子交换膜燃料电池中，膜上的水只能以蒸汽状态存在，而不存在液态水，这样会增加电催化剂的有效面积，从而有利于反应物进入反应层。

在使用类 Nafion 膜的质子交换膜燃料电池中，高温操作目前受到高于 120℃的聚合物降解和由于水合作用损失（水纳米域减少导致的质子传输机制改变）导致的膜电阻增加的阻碍。特别是，与 Nafion 膜上的低湿度条件相关的电导率损失可升高一个数量级，大大增加欧姆损耗，同时降低电压、功率和效率。这就确定了旨在发现能够克服上述限制的新材料的研究方向。这些材料可以细分为四类：改性全氟磺酸、非氟化烃类聚合物、无机 - 有机复合材料以及酸碱聚合物（聚苯并咪唑，PBI）。

第一种方法是基于在全氟化膜中引入亲水性无机添加剂，以增加聚合物溶胀和水的结合能。已经提出几种吸湿性添加剂以不同的制备方法掺入 Nafion 膜 $[Zr(HPO_4)_2, SiO_2, TiO_2]$ 中，从而获得具有可变保水性和电化学性能的复合材料。

第二种方法是基于芳香族聚合物作为膜骨架的结构，比全氟化离聚物便宜，并且可以包含在宽温度范围内具有高吸水率的极性基团。这些材料的热稳定性和化学稳定性是阻碍其实际应用的主要限制因素。

第三种方法是基于使用惰性有机聚合物作为大量高性能无机质子导体的结合介质的基本原理。由于高质子传导性材料通常是结晶性的，因此它们悬浮在惰性有机聚合物如聚偏二氟乙烯（PVDF）中，但这种方案的主要缺点是很难获得令人满意的成膜性质。酸碱聚合物代表了高温聚合物电解质领域的技术水平，本质上是由掺杂非挥发性无机酸或与聚合酸混合的碱性聚合物构成的。

聚苯并咪唑（PBI）今天被认为是制备酸碱膜的最好的基础聚合物，尤其是掺杂磷酸时。图 3-3 显示了商品名被称为 Celazole 的聚苯并咪唑分子结构。

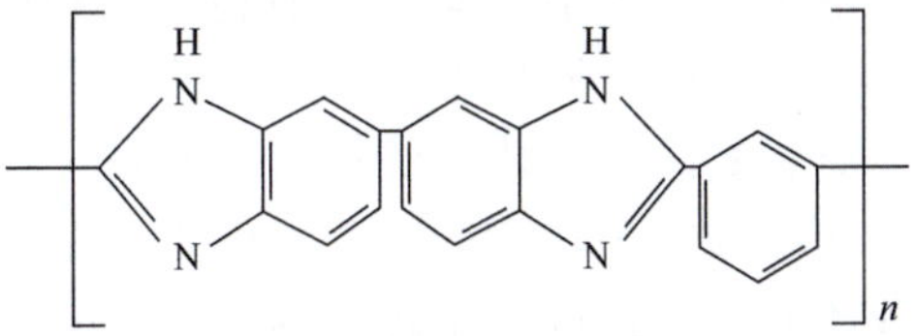

图 3-3　Celazole [聚 -2，20-m（亚苯基）-5，50 二苯并咪唑] 的分子结构

聚苯并咪唑的芳香族核具有优良的化学稳定性，而碱性官能团则起到质子受体的作用，如正常的酸碱反应。两性酸如磷或磷酸是优选的，因为它们能够同时作为质子供体和受体，通过断裂和形成氢键的动态过程进行质子转移。这些膜在质子传导性、机械灵活性和热稳定性方面呈现较好的特征；然而，耐用性、启动时间和动态响应仍然是关键问题，特别是在汽车上的应用。

除了吸水性和质子传导性之外，用于质子交换膜燃料电池的聚合物膜的另一重要物理化学性质是气体渗透性，它是对反应物物质的膜不可渗透性的量度。渗透性被定义为扩散率和溶解度的乘积：

$$P = DS \qquad (3-2)$$

如果 D 以 cm^2/s 表示，S 以 $mol/(cm^3 \cdot Pa)$ 表示，则渗透性可以用 $mol \cdot cm/(s \cdot cm^2 \cdot Pa)$ 表示，其中膜厚度的单位为 cm，给定材料的表面积的单位为 cm^2，mol/s 是在 1Pa 的压力下通过膜的气体流量。最常用的气体渗透单位是 Barrer，即

$$1Barrer = 10^{-10} cm^2/(s \cdot cmHg)^{\ominus} \qquad (3-3)$$

用于质子交换膜燃料电池的理想膜，应该能阻碍除溶剂化的质子之外的物质通过，但由于材料空隙以及氢和氧在水中的溶解等原因，一些反应物实际上可以渗透过膜。对于干燥的 Nafion 膜而言，在温度 25 ~ 100℃和压力 1bar 的范围内，氢气渗透率为 20 ~ 70Barrer，而氧气渗透率大约高一个数量级，对于湿膜而言则低得多。渗透速率与渗透率、压力和膜的暴露表面积成正比，并与其厚度成反比。

3.2.2　催化剂

质子交换膜燃料电池中的电极能够提供发生电化学反应的支持物。由于两种电化学半反应必须被催化，在低于 90℃的温度下发生，电极必须为高度分散的催化剂颗粒提供足够的支撑。这些反应位点必须保证不仅气态反应物能到达，电子和质子也要能够到达。因此，催化剂层必须与用于气体和电子转移的多孔导电结构和电解质膜紧密接触。

$\ominus$　1cmHg=1333.22Pa。

最常用的催化剂是 Pt，它依附在炭粉（通常粒径为 40nm）上以优化金属颗粒的分布和活性表面积，提高反应速率。载体的碳质材料确保了在阳极产生并由阴极接收的电子的传导。C 和 Pt 的比例必须进行优化，实际上，虽然高 Pt/C 比的碳载体薄层可以给质子转移和气体渗透到催化剂层中的速率带来优势，但是低 Pt/C 比（较小的 Pt 颗粒）能够获得更大的表面积。此外，用数量标准化的质子导体（用与膜相同的高分子聚合物）浸渍催化剂颗粒，允许所有催化剂颗粒能够接触到质子并扩大气体、电解质和催化剂之间的三相界面接触，就降低了铂浓度。当前已实现的 Pt/C 比的最佳值为 10wt% ~ 40wt%，铂负载量为 0.4mg/cm²，而催化剂层中离聚物的优化含量取决于制造方法和铂负载量，范围为 20wt% ~ 50wt%。在这方面，目前正在开发新的碳载体以改善质子交换膜燃料电池性能，特别是考虑能够确保从催化位点到膜更有效的质子传导的材料。近来，已经提出将聚合物到炭黑表面上，并且在减小欧姆压降和增加质子转移的商业碳载体方面，就聚苯乙烯磺酸接枝的炭黑作为铂-钌基催化剂的载体而言已经取得了较好的进展。由于碳载体在一些严酷的操作条件下会发生氧化，如快速动态阶段和重复启动/关闭动作，铂的表面积可以随着电池性能的恶化而减小。关于这个问题，一些研究已经提出使用碳纳米笼作为催化剂载体，具有显著降低电化学碳腐蚀的可能性，原因在于这些材料的强疏水性和石墨结构。

燃料电池的电极实质上是一个位于离聚物膜和导电多孔基板之间的催化剂薄层。在该层上发生化学反应。更确切地说，电化学反应发生在催化剂表面。由于有三种组分，即气体、电子和质子参与电化学反应，因此反应是发生在催化剂表面中三种组分均能到达的部分。电子通过导电颗粒，包括催化剂本身，但非常重要的是催化剂颗粒应在某种程度上与基板电气相连。质子通过离聚物，因此催化剂必须与离聚物紧密连接。最后，反应气体只能通过空隙，因此为保证气体流动到反应处，电极必须是多孔的。同时，产生的水必须有效清除，否则，电极将浸入水中而阻止氧的进入。

如图 3-4 所示，这些反应发生在三相交界处，即离聚物、固体和空隙。然而，该交界处的面积无限小（实质上是一条线，而不是一个区域），从而导致电流密度无穷大。实际上，由于一些气体可渗透膜，所以反应区域要大于一条三相交界线。通过"粗糙化"膜表面或在催化剂层结合离聚物可增大反应区域。极端情况下，除允许电接触外，整个催化剂表面可由离聚物薄层覆盖。显然，必须优化离聚物覆盖的催化剂面积与开放空隙的催化剂面积以及与其他催化剂颗粒或导电支架相接触的催化剂面积之比。

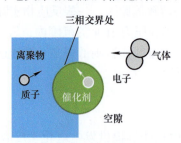

图 3-4　反应处的图形化表示

铂是 PEM 燃料电池中氧还原和氢氧化反应最常用的催化剂。在 PEM 燃料电池发展早期，大量使用 Pt 催化剂（高达 28mg·cm⁻²）。20 世纪 90 年代末，随着负载型催化剂结构的应用，减少到 0.3 ~ 0.4mg·cm⁻²。关键是催化剂的表面积而非重量，因此在催化剂载体表面［如典型的具有高介孔面积（孔径为 40nm）的炭粉（比表面 > 75m^2·g^{-1}）］上均匀散布具有大表面积的微小铂颗粒（粒径为 4nm 或更小）非常重要。典型的载体材料是 Cabot 公司的 Vulcan XC72R，除此之外，常用的还有 Black Pearls 公司的 BP 2000、Ketjen Black、International 公司或 Chevron Shawinigan 公司的炭粉。

为使得由于质子迁移速率和反应气体渗透到电催化剂深处所引起的电池电位损耗最小，催化剂层应相当薄。同时应最大化金属活性表面积，从而使得 Pt 颗粒应尽可能小。由于第一个原因，应选择较高的 Pt/C 比率（质量分数 > 40%）；然而，Pt 颗粒较小从而金属表面积较大又会导致 Pt 载量较小，见表 3-1。Paganin 等人表明铂载量为 0.4mg/cm^2 下的 Pt/C 比率从 10% 变化到 40% 时，电池性能几乎保持不变。

表 3-1　采用 Ketjen 公司的炭黑载体催化剂，不同 Pt/C 复合物下的铂活性面积

碳上铂的质量分数（%）	XBD 铂晶体大小 /mm	Pt 活性面积[1]/(m^2/g)
40	2.2	120
50	2.5	105
60	3.2	88
70	4.5	62
无载体的铂黑	5.5～6	20～25

① 一氧化碳化学吸收作用。

然而，随着 Pt/C 比率增大以至于超过 40% 时，性能会变差。这表明 Pt/C 比率在 10%～40% 时，催化剂活性面积的变化微不足道，而一旦 Pt/C 比率超过 40% 时，催化剂活性面积显著减小，见表 3-1。表 3-1 给出了不同的 Pt/C 复合物下的铂活性面积（采用 Ketjen 公司的炭黑载体催化剂）。

一般情况下，假定催化剂层均匀使用且厚度合理，铂载量较高会导致电压增大，如图 3-5 所示。然而，在计算铂表面上单位面积的电流密度时，其性能几乎没有差别，即所有极化曲线均在其各自顶部下降，如图 3-6 所示。值得注意的是塔费尔斜率约为 70mV/dec。

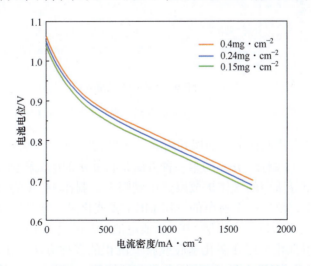

图 3-5　铂载量对燃料电池极化曲线的影响（氢氧燃料电池）

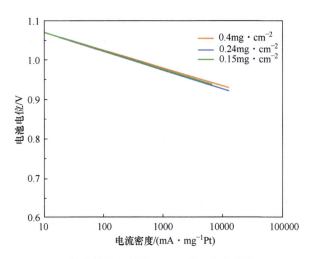

图 3-6　单位铂催化剂的电池性能（氢氧燃料电池）

提高燃料电池性能的关键不在于增大铂载量而是提高铂在催化剂层中的利用率。

如果催化剂层中包含离聚物，不管是在酒精和水的混合物中用溶解性 PFSA 涂覆还是在催化剂层形成过程中预先混合催化剂和离聚物，都可大幅增大催化剂的活性表面积。扎沃津斯基等人认为催化剂层中离聚物的最优量是约占重量的 28%，如图 3-7 所示。Oi、Kaufman 和 Sasikumar 等人也提出了类似结果。

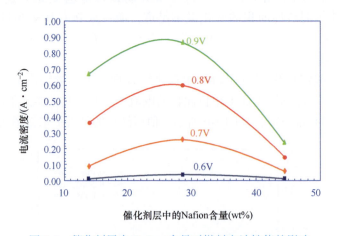

图 3-7　催化剂层中 Nafion 含量对燃料电池性能的影响

从原理上有两种方法制作催化剂层并附着于离聚物的膜。这种膜和催化剂层的组合称为膜电极组件（MEA）。制作 MEA 的第一种方法是将催化剂层沉积到多孔基底上，然后将碳纤维纸或碳纤维布等所谓的气体扩散层热压到膜上。制作 MEA 的第二种方法是直接将催化剂层应用于膜上，形成一个所谓的三层 MEA 或催化膜。随后增加气体扩散层，作为制作 MEA（在此情况下形成一个五层 MEA）或电池组装配过程中的一个额外步骤。

现已开发出使得催化剂层在多孔基底或膜上沉积的多种方法，如扩散、喷涂、喷溅、涂绘、丝印、粘贴、电沉积、蒸发沉积以及浸渍还原等。目前 MEA 的制造商主要包括杜邦、3M、Johnson Matthey、W.L. Gore&Associates 以及 BASF 公司。它们的生产工艺通常是商业秘密。

最近，新型催化剂和催化层结构的发展取得了一些进展。3M 公司已开发出一种纳米结构的薄膜催化剂，如图 3-8 所示，其具有与传统的碳载催化剂完全不同的结构。NSTF $Pt_{68}Co_{29}Mn_3$ 催化剂从根本上对于氧化还原具有较高的比活性，且解决了关于碳载体的所有耐久性问题，对于由于铂溶解和膜化学侵蚀引起的损耗更小，并在全干滚轧的制造优点具有显著的高容量。这超过了之前 DOE 对于阳极 PGM 为 $0.05mg \cdot cm^{-2}$，阴极 PGM 为 $0.1mg \cdot cm^{-2}$ 的全尺寸短电池组所提出的 0.2g Pt/kW 的 2015 年目标。

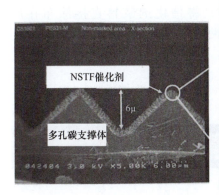

图 3-8　3M 公司的纳米结构薄膜催化剂（3M 公司提供）

目前发现了一种具有应用前景的新型催化剂 $Pt_{1-x}Ni_x$，在作为 $x = 0.69 \pm 0.02$ 附近重量分析测定函数的氧化还原反应（ORR）活性中具有异常尖锐的峰值（比 NSTF 的标准 $Pt_{68}Co_{29}Mn_3$ 合金高 60%）。

现在正在开发一种用于 ORR 的高性能燃料电池催化剂，该催化剂是在由实心四面体或中空纳米粒、纳米线、纳米棒和碳纳米管支撑的稳定廉价的金属或合金上的连续单层 Pt（ML）组成。PtML/Pd₉Au/C 和 PtML/Pd/C 是符合实际应用的催化剂，对于一个 100kW 的燃料电池只需 10g 的铂和 15 ～ 20g 的钯。

美国洛斯阿拉莫斯（Los Alamos）国家实验室的研究人员开发了一系列非贵金属催化剂，在包括汽车电源在内的大功率燃料电池应用中，其性能接近于基于铂的系统性能且成本较低。其中，利用聚苯胺作为碳 – 氮模板的前驱体以用于含有铁和钴的催化剂的高温合成。最活性材料在最先进载铂碳所产生的约 60mV 电位下催化氧化还原反应，在此将高活性与非贵金属催化剂的显著性能稳定性（燃料电池电压为 0.4V 时可达 700h）以及出色的四电子选择性（这意味着过氧化氢产量 < 1.0%）相结合。

3.2.3　膜电极制备工艺

1983 年，加拿大国防部资助了巴拉德动力公司进行 PEMFC 的研究。在加拿大、美国等国科学家的共同努力下，PEMFC 取得了突破性进展。采用薄的（50μm）高电导率的 Nafion 和 Dow 全氟磺酸膜，使电池性能提高数倍。接着又采用铂碳催化剂代替纯铂黑，在电极催化层中加入全氟磺酸树脂，实现了电极的立体化，并将阴极、阳极与膜热压到一起，组成电极 – 膜 – 电极"三合一"组件（Membrane-Electrode-Assembly，MEA）。这种工艺减少了膜与电池的接触电阻，并在电极内建立起质子通道，扩展了电极反应的三相界面，增加了铂的利用率。不但大幅度提高了电池性能，而且使电极的铂载量降至低于 0.5mg/cm^2，电池输出功率密度高达 0.5 ~ 2W/cm^2，电池组的质量比功率和体积比功率分别达到 700W/kg 和 1000W/L。

目前，燃料电池膜电极的制备可以分为三种方法：CCM（Catalyst-Coated Membrane）法、转印法（Decal Transfer Method）和 GDL 法。

CCM（Catalyst-Coated Membrane）法是将催化剂浆料直接涂布在质子交换膜两侧，再将阴极和阳极气体扩散层分别贴在两侧催化层上经热压制得 MEA，其制备工艺如图 3-9 所示。

图 3-9　CCM 法制备工艺

转印法一般是先将催化剂浆料（一般由 Pt/C 或 ETEK 催化剂、聚四氟乙烯乳液或 Nafion 溶液与醇类溶液混合而成）涂覆于转印基质（非质子交换膜和气体扩散层）上，然后烘干形成三相界面，再热压将其与质子交换膜结合，并移除转印基质实现催化剂由转印基质向质子交换膜转移，其制备工艺如图 3-10 所示。

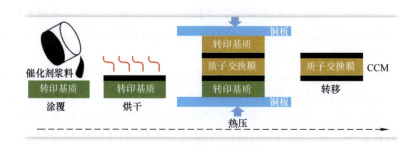

图 3-10　转印法制备工艺

GDL 法又称 CCS（Catalyst-Coated Substrate）法，是将催化剂活性组分直接涂覆在气体扩散层上，分别制备出涂布了催化层的阴阳极气体扩散层，然后用热压法将其压制在质子交换膜两侧得到 MEA，其制备工艺如图 3-11 所示。

图 3-11　GDL 法制备工艺

3.3　双极板

在单体电池配置中无双极板。在膜电极两侧各装配一个极板，可看作一个双极板的两半。通过将一个电池的阳极与相邻电池的阴极电气连接，全功能的双极板对于多电池配置必不可少，如图 3-12 所示。

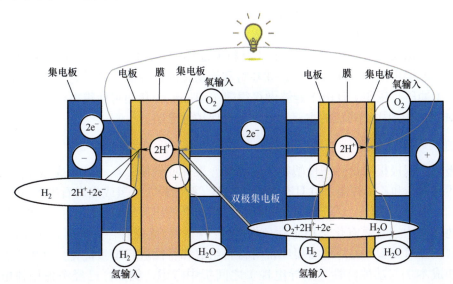

图 3-12　双极板连接和分隔两个相邻电池

在燃料电池组中，双极集电 / 分离板具有多个功能。根据其功能，所需的特性为：

1）将电池串联电气连接——因此，必须是导电的。

2）隔离相邻电池中的气体——因此，必须是气体不可渗透的。

3）为电池组提供结构支撑——因此，必须具有充足长度，但又必须质量轻。

4）将热量从活跃电池传导到冷却电池或导管——因此，必须可导热。

5）通常占据流场通道——因此，必须一致。

除此之外，在燃料电池环境中必须耐腐蚀，但不能由"特殊"和贵重的材料制成。为降低成本，不但材料必须便宜，而且制造工艺还必须适用于批量生产。

上述某些要求可能相互矛盾，因此材料选择也是一个优化过程。最终的材料并不一定在任何特性中都是最好的，却是最能满足优化准则的（通常是生产每千瓦时成本最低的）。

3.3.1 材料

石墨是较早用于 PEM 燃料电池中双极板的材料之一，主要是因为其在燃料电池环境中展现出良好的化学稳定性。石墨本身是多孔的，这不利于在燃料电池中的应用。因此，必须对这些板浸渍，使之不渗透水。目前，这种材料仍应用在实验室的燃料电池中（主要用在单体电池中）。然而，石墨板的加工并非易事，且对于大多数燃料电池应用可能成本极高。需要说明的是，一家燃料电池制造商（UTC Power）使用多孔石墨板用于处理燃料电池组内部的水。

一般来说，两类材料已用于燃料电池的双极板：基于石墨（包括石墨/合成物）的材料和金属材料。

1. 金属双极板

双极板暴露在燃料电池内部腐蚀性较强的环境里（pH 为 2～3，且温度在 60～80℃）。常用金属如铝、钢、钛或镍在燃料电池环境中将会被腐蚀且溶解的金属离子会扩散到离聚物膜中，从而导致离子导电性降低并缩短燃料电池的寿命。此外，在双极板表面的腐蚀层还会增大电阻。鉴于上述问题，金属板必须充分覆盖非腐蚀性又导电的涂层，如石墨、类金刚石的碳、导电聚合物、有机自组装聚合物、贵金属、金属氮化物、金属碳化物、钢掺杂氧化锡等。涂层保护双极板免受 PEM 燃料电池环境腐蚀的有效性取决于：①涂层的耐腐蚀性；②涂层中的微孔和微裂纹；③基材和涂层之间的热膨胀系数之差。金属板适用于批量生产（冲压、压印）且由于能够做得很薄（<1mm），从而可使得电池组更加紧凑和轻巧。PEM 燃料电池中金属板的主要缺点是需要保护性涂层。

2. 石墨复合双极板

石墨复合双极板可由热塑性塑料（聚丙烯、聚烯或聚偏二氟乙烯）或热固性树脂（酚树脂、环氧树脂和乙烯树脂）并且有填料（如碳/石墨粉、炭黑或焦炭石墨），以及有（或无）纤维增强材料制作。尽管某些热固性材料可能会浸出而导致性能恶化，但这些材料在燃料电池环境中通常具有化学稳定性。根据这些材料的流变特性，其可适用于压缩成型、转移成型或注射成型。另外还需要经常对材料组成和特性进行细致优化，其中需在产品加工性（如成本）与功能特性（如导电性）之间折中考虑。例如，已经考虑用体电阻率为 $26m\Omega\cdot cm$ 的注射成型材料来代替体电阻率为 $2.9m\Omega\cdot cm$ 的压缩成型材料，原因在于制造速度的提高（注射成型的生产周期为 20s，而热塑性塑料压缩成型的周期为 20min）。在设计和制造石墨复合双极板时，必须考虑的重要特性是公差、扭曲以及趋肤效应（聚合物在板表面上的积聚是成型过程的结果）。高速成型过程能够满足成本目标，且材料（石墨和聚合物）的成本也不高。这些板，尤其是含氟聚合物的板，在燃料电池的环境中具有非常卓越的化学稳定性，然而体积较大（最小厚度约 2mm）且相对易碎（这可能是电池组高速自动组装过程的一个问题）。虽然其电导率比金属板的电导率低几个数量级，但体阻抗损耗的数量级为几毫伏。

3. 复合石墨/金属双极板

巴拉德申请了由两个压印石墨箔与其中间的一个薄金属片构成双极板的专利，该思想是结合了石墨（耐腐蚀性）和金属板（抗渗透性和结构刚度）的优点，从而产生质量轻、耐久性强且易于制造的双极板。值得注意的是，由于石墨箔的一致性，其接触电阻非常小。

燃料电池双极板的一个最重要特性是电导率。应能够区分出体电导率和总电导率或体电阻率和总电阻率，后者包括体分量和界面接触分界量。在一个实际的燃料电池组中，接触（界面）电阻比体电阻更重要。

这些板的体电阻率可利用 Smits 提出的表面电阻率的四点探针法来测量，实验装置如图 3-13 所示。通过所测电压降和相应电流值施加一个几何相关的校正因子，可测得薄板的体电阻：

$$\rho = \kappa \frac{V}{I} t \tag{3-4}$$

式中，ρ 为电阻率（$\Omega \cdot cm$）；κ 为校正因子，是关于 D/S 和 t/S 的函数，其中，D 为样品直径；S 为探针间距；t 为样品厚度；V 为被测电压；I 为施加电流。

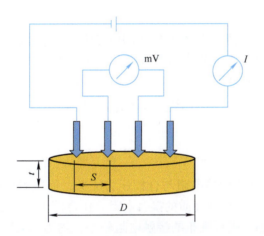

图 3-13   采用四点探针法测量样品电阻率的实验装置

然而，体电阻率并不是燃料电池中电压损耗的重要来源，即使是对于电阻率相对较高的双极板。例如，一个体电阻率高达 $8\Omega \cdot cm$ 的 3mm 厚石墨 / 复合成型双极板，在 $1A \cdot cm^{-2}$ 时的电压损耗大约为 2.4mV。而更大电阻来自于界面接触，如在双极板和气体扩散层之间的界面接触电阻。

通过将一个双极板置于两个气体扩散层之间（或将一个气体扩散层置于两个双极板之间）可确定界面接触电阻，然后电流流过该装置来测量电压降，如图 3-14 所示。在该实验中，总电压降（或电阻，$R = V/I$）是合模压力的函数。实验中具有几个串联电阻，即镀金接触板和气体扩散介质之间的接触电阻 $R_{\text{Au-GDL}}$，气体扩散介质的体电阻 R_{GDL}，气体扩散介质和双极板之间的接触电阻 $R_{\text{GDL-BP}}$，以及双极板的体电阻 R_{BP}，如图 3-15 所示。

$$R_{\text{mes}} = 2R_{\text{Au-GDL}} + 2R_{\text{GDL}} + 2R_{\text{GDL-BP}} + R_{\text{BP}} \tag{3-5}$$

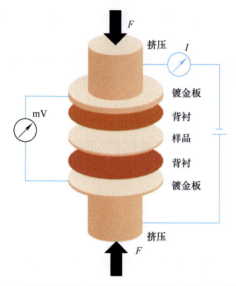

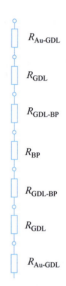

图 3-14　测量石墨和成型石墨复合样品（含电极背衬层）的总电阻（接触电阻和体电阻）的实验装置示意图

图 3-15　图 3-14 中测量时所具有的电阻

气体扩散介质的体电阻 R_{GDL} 以及双极板的体电阻 R_{BP} 可由独立测量或生产厂商说明书获得，镀金接触板和气体扩散介质之间不希望出现的接触电阻可通过额外测量两个镀金接触板之间的气体扩散介质来确定：

$$R'_{mes} = 2R_{Au\text{-}GDL} + R_{GDL} \tag{3-6}$$

则接触电阻为

$$R_{GDL\text{-}BP} = R_{mes} - R'_{mes} - R_{BP} - R_{GDL}） \tag{3-7}$$

双极板和气体扩散介质的体电阻与合模压力无关，而接触电阻显然是合模压力的函数。图 3-16 给出了几种气体扩散介质的接触电阻。在合模压力为 2MPa 时，碳纤维纸的接触电阻大约是 $3m\Omega \cdot cm$。碳纤维布的接触电阻较小，约为 $2m\Omega \cdot cm$。Mathias 等人采用略微不同的测量步骤得到几乎相同的测量结果。

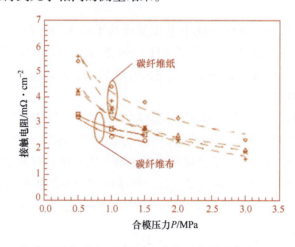

图 3-16　气体扩散介质和石墨复合双极板之间的接触电阻的测量结果

界面接触电阻不仅取决于接触（合模）压力，而且还取决于两个接触表面的表面特性和有效电导率。通过表面形貌的分形几何描述，Majumdar 和 Tien 得出接触电阻和合模压力之间的关系。

Mishra 等人对 Majumdar-Tien 关系式进行修正，使之适用于相对柔软材料（如气体扩散层）和硬材料（如双极板）的情况：

$$R = \frac{A_{\mathrm{a}} K G^{D-1}}{\kappa L^D} \left[\frac{D}{(2-D) \, p^*} \right]^{\frac{D}{2}} \tag{3-8}$$

式中，R 为接触电阻（$\Omega \cdot \mathrm{m}^2$）；$A_{\mathrm{a}}$ 为交界面处的视在接触面积（m^2）；K 为几何常量；G 为表面轮廓形貌系数（m）；D 为表面轮廓分形维度；L 为扫描长度（m）；p^* 为无量纲的合模压力（实际合模压力与气体扩散层压缩模量之比）；κ 为两个表面的有效电导率（$\mathrm{S} \cdot \mathrm{m}^{-1}$）。

$$\frac{1}{\kappa} = \frac{1}{2} \left(\frac{1}{\kappa_1} + \frac{1}{\kappa_2} \right) \tag{3-9}$$

由表面轮廓仪扫描获得几何参数后，将其代入式（3-7），Mishra 等人得到的计算结果与接触电阻测量结果非常吻合。

3.3.2　流场

1. 流场形状

流场具有不同的形状和大小。大小是根据"燃料电池组的尺寸"中所述的功率/电压要求。形状是确定入口和出口歧管、流场设计、热量管理以及制造约束后的最终结果。最常见的流场形状是正方形和矩形，但也有圆形、六边形、八边形或不规则的形状，如图 3-17 所示。

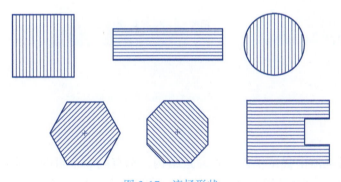

图 3-17　流场形状

2. 流场朝向

流场朝向和入口/出口歧管的位置非常重要，这是因为重力会对可能在流场中凝结的水产生影响（重力对反应气体的影响可忽略不计）。凝结可能发生在工作过程中或电池关闭后，取决于工作条件的选择。可能会存在许多种组合形式，其中的一些组合如图 3-18 所示。

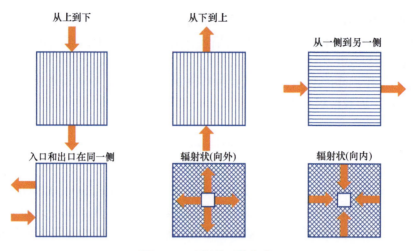

图 3-18　流场的可能朝向

　　阳极和阴极可以朝向相同方向、相反方向，或相互交叉。阳极相对于阴极的位置对燃料电池的性能具有影响，这是由于反应气体和水的浓度不同。在某些情况下，流场的朝向是为了便于阴极出口接近阳极入口，反之亦然，从而由于水的浓度梯度而使得通过膜实现水交换（即现有气体具有较高的温度和含水量）。

　　电池组的朝向，即流场朝向，可以是垂直的或水平的。对于后者，阳极或阴极朝上，如图 3-19 所示。同时，这可能会对去除液态水有影响，特别是在电池关闭和冷却后。

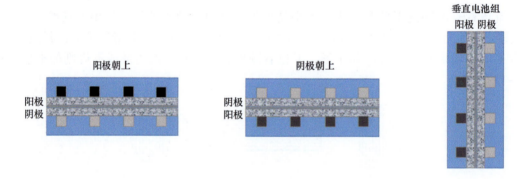

图 3-19　电池组和电池的朝向

3. 通道结构

　　在 PEM 燃料电池中尝试了许多种通道结构，都有同一个目的：确保反应气体均匀分布并去除产生的水。如图 3-20 所示，一些最常见的设计如下。

　　1）具有大歧管的直通道。尽管看上去可确保均匀分布，但实际上在 PEM 燃料电池里并不起作用，只有在理想条件下才能实现均匀分布。在通道中形成的任何水滴都将阻塞整个通道，而且速度尚不足以将水排出。

　　2）具有小歧管的直通道。这种设计具有与大歧管直通道同样的缺陷，除此以外，反应气体还具有固有的不均匀性，这是因为歧管上 / 下的通道会接收大部分的流体。早期利用该流场制造的燃料电池表现出电池电压较低且不稳定。

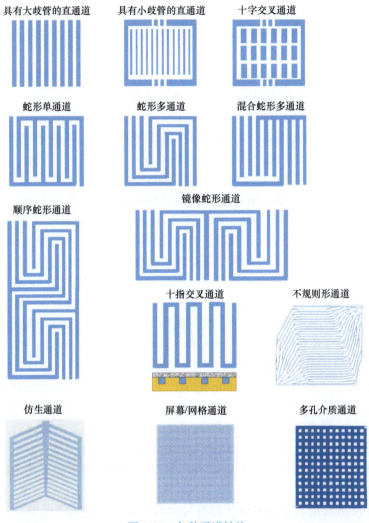

图 3-20　各种通道结构

3）十字交叉通道。这种流场试图消除直通道流场的缺点，通过引入横向通道以允许气体旁路任何"水淹"点，即凝聚水滴。由于该设计中入口和出口歧管的位置而导致的流速低且流体分布不均匀的问题并未缓解。

4）蛇形单通道。如 Watkins 等人所述，这是用于活性面积较小时的最常见流场。该流程可确保覆盖整个面积，尽管反应物的浓度会沿着通道而下降。由于管壁上的摩擦和转向，导致沿通道会存在压降。通常，流速较高足以推动通道中凝结而成的水。值得注意的是，相邻两个通道间的压力差可能会造成通道部分明显旁路。

5）蛇形多通道。蛇形单通道结构由于压降较大而不适用于流场面积较大的情况。尽管压降在去除水时非常有用，但压降过大会导致非常大的寄生能量损耗。Watkins 等人提出了一种多个平行通道以蛇形蜿蜒形式通过整个面积的流场。除了压降较低外，这种流场具有与蛇形单通道相同的特点和优缺点。具有并行通道意味着总是存在其中一条通道可能阻塞的情况，正如上述直通道所述。

6）混合蛇形多通道。正如 Cavalca 等人所提出的，这种流场设计允许气体在每个转向处混合以使得通道阻塞效应最小。虽然这样并不会减少通道阻塞的概率，但由于流场划分为多个较短的段，且每段都有各自入口和出口的连接通道，因此会将阻塞效应局限于通道的某一段上。

7）顺序蛇形通道。这种流场设计也是将流场分为多段，以试图避免通道较长且直，以及相邻通道段之间的压力差相对较大，从而减小旁路效应。

8）镜像蛇形通道。这是避免相邻通道段之间压力差过大的另一种设计，尤其适用于具有多个入口和出口的较大流场。这样排列使得相邻通道段中的蛇形模式是彼此的镜像，从而导致相邻通道间的压力平衡，进而减小旁路效应。

9）十指交叉通道。该设计首先由 Ledjeff 提出，并由 Nguyen 推广，且成功应用于 Engery Partners（能源合作）公司的 NG-2000 电池组系列中。这种流场不同于之前介绍的所有流场，主要是因为这些通道都不连续，即没有将入口歧管与出口歧管相连接。这种方式下，迫使气体通过多孔反向扩散层从入口通道流向出口通道。Wilson 等人提出了一种改进的十指交叉流场，其中，这些通道由通过切割气体扩散层的长条形成。通过多孔层的对流可缩短扩散路径并有助于去除可能会积聚在扩散层的所有液态水，从而获得更好的性能，尤其是电流密度较高时。然而，取决于气体扩散层的性质，这种流场可能会导致压降更大。由于大多数压降都发生在多孔介质中，因此独立通道之间和单个电池之间的流场分布均匀性很大程度上取决于气体扩散层厚度和有效孔隙度（挤压后）的均匀性。这种流场的一个主要问题是无法从入口通道排出水。Issacci 和 Rehg 提出，在入口通道末端放置多孔块，以允许排出水。

10）仿生通道。它由 Morgan Carbon 提出，是十指交叉概念的进一步完善。较大的通道分支成较小的侧通道，并进一步分支成与输出通道相互交织的微小通道，而输出通道以同样的方式组成——微小通道组成较大的侧通道，然后再组成更大的通道。这种类型的分支是自然形成的（就像树叶或肺），因此称为仿生通道。

11）不规则形通道。由 Fraunhoffer 研究所提出的这种流场本质上是十指交叉的流场概念，但通道不是直的且有分支。

12）屏幕/网格通道。金属网格和各种尺寸的屏幕成功应用于电解槽，其均匀性很大程度上受入口歧管位置的影响。美国洛斯阿拉莫斯国家实验室的研究人员成功地将金属网格结合到燃料电池设计中。这种设计的主要问题是引入了另一种具有严格公差、腐蚀性和界面接触电阻的组件。

13）多孔介质通道。这种类似于网格通道，不同之处在于孔的大小和材料。气体分布层必须足够厚且具有足够大的孔隙，以允许与催化剂层垂直或平行的反应气体真正自由流动。尽管金属多孔材料（如泡沫金属）具有较高的强度，但相对易碎，而基于碳的多孔材料则具有很大的柔性。由于压降较高，这种类型流场只能应用于较小的燃料电池。

4. 通道形状、尺寸和间距

流场通道可能具有不同的形状，这通常是由制造工艺而非功能性所造成的。例如，略微呈锥形的通道难以加工制成，但如果通过模压制造双极板，这又是必不可少的。通道的几何形状可能会影响水的积聚。在圆形底部的通道中，凝结的水会在底部形成一层水薄膜，而在具有锥形管壁的通道内，凝结的水就会形成小水滴，如图 3-21 所示。位于通道底部的尖角有助于破坏水薄膜的表面张力，阻止膜的形成。

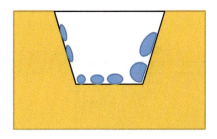

图 3-21　通道横截面的形状对液态水形成方式的影响

通道内水滴的形状和大小也取决于多孔介质和通道管壁的疏水性。图 3-22 所示为多孔气体扩散层与通道管壁的疏水性和亲水性的可能组合，以及对水滴形状和大小的影响。

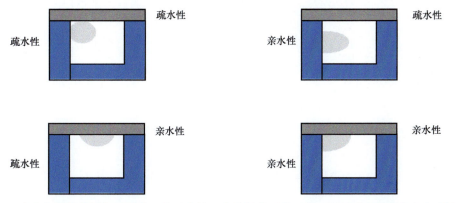

图 3-22　多孔气体扩散层与通道管壁的疏水性和亲水性的可能组合，以及对水滴形状和大小的影响

通常，通道尺寸大约为 1mm，但可在 0.4～4mm 变化。两个通道之间的间距大致相同。随着当前微制造技术的发展（如微机电系统、光刻工艺），现已能够制造 0.1mm 甚至更小的通道。通道的尺寸以及通道间的间距会影响进入气体扩散层的反应气体和压降，以及电流和热传导。通道越宽，则允许反应气体与气体扩散层更直接接触，且为从气体扩散层排出水提供更大面积。图 3-23 给出了在一个具有蛇形通道或直通道的氢/空气燃料电池横截面面积中的氧浓度。在通道上方的区域中，氧浓度及其电流密度较高，而在通道之间实体上方的区域中明显降低。

如果通道太宽，将没有膜电极组件的载体，而膜电极组件会偏转到通道中。间距较宽可增强电流和热的传导，但同时也会减少反应物面积，并加剧邻近这些区域的气体扩散层中水的积聚。对于图 3-23 所示的几何形状，并简化控制面积中的电流路径（通道占一半，通道间距占一半），则整个控制面积的电压损耗为

$$\Delta V = \Delta V_{BP} + \Delta V_{GDL} + \Delta V_{CR} \tag{3-10}$$

式中，ΔV_{BP} 为双极板两端的电压降；ΔV_{GDL} 为气体扩散层两端的电压降；ΔV_{CR} 为交界面接触而造成的电压降。它们可分别表示为

$$\Delta V_{BP} = \left[\left(\frac{w_L + w_C}{w_L} d_C + \frac{d_{BP}}{2} \right) \rho_{BP,z} + \frac{(w_L + w_C)\, w_C}{4 d_{BP}} \rho_{BP,xy} \right] i \tag{3-11}$$

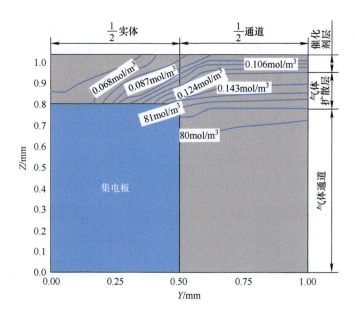

图 3-23　通道内和通道上方的氧浓度分布

$$\Delta V_{GDL} = \left[d_{GDL}\rho_{GDL,z} + \frac{(w_L + w_C)w_C}{8d_{GDL}}\rho_{GDL,xy} \right]i \qquad (3-12)$$

$$\Delta V_{CR} = R_{CR}\frac{w_L + w_C}{w_C}i \qquad (3-13)$$

式中，w_L、w_C、d_{GDL} 和 d_{BP} 的尺寸定义如图 3-24 所示；ρ 为双极板（BP）或气体扩散层（GDL）的电阻在 z 方向（穿过平面）或 xy 方向（在平面内）的电阻率（$\Omega \cdot cm$）；R_{CR} 为气体扩散层和双极板之间的接触电阻（$\Omega \cdot cm^2$）；i 为 GDL-催化剂层接口处的电流密度（$A \cdot cm^{-2}$）。注意，整个双极板、两个气体扩散层和两个交界面两端的电压损耗是由式（3-11）~式（3-13）计算所得值的两倍。

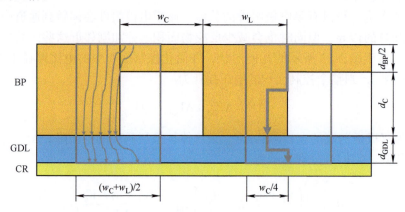

图 3-24　经过双极板和气体扩散层的电流路径（左：实际；右：近似）

通常，随着实体宽度 w_L 变窄，燃料电池性能会得以提高，直到 MEA 偏转入通道或气体扩散层由于外力过大而破损。因此，最优的通道大小和间距是使得反应气体进入气体扩散层的开放区域最大与提供 MEA 机械支撑以及为电流和热量提供传导路径之间的平衡。

Wilkinson 和 Vanderleeden 提出下列方程来计算通道内 MEA 的最大偏转量 d_{max}（mm）：

$$d_{max} = \frac{0.032(1-v^2)\dfrac{p}{E}}{t^3\left(\dfrac{1}{b^4}+\dfrac{1}{L^4}\right)} \tag{3-14}$$

式中，v 为泊松比；t 为 MEA 厚度（mm）；b 为无支撑的通道宽度（mm）；L 为通道长度（mm）；p 为压力（kPa）；E 为杨氏模量（kPa）。

5. 流场压降

大多数流场都设置成若干平行通道的形式。在此情况下，通道压降也是整个流场的压降。流场通道的压降可由管道和导管中不可压缩流的方程来近似，且只要压降小于入口压力 30%，则具有足够的精度：

$$\Delta P = f\frac{L}{D_H}\rho\frac{\bar{v}^2}{2}+\sum K_L\rho\frac{\bar{v}^2}{2} \tag{3-15}$$

式中，f 为摩擦因子；L 为通道长度（m）；D_H 为水力直径（m）；ρ 为流体密度（kg·m^{-3}）；$\bar{v}$ 为平均速度（m·s^{-1}）；K_L 为局部阻抗（如突然转向处）。

水力直径定义为 4 倍的通道横截面面积除以其周长。对于一个典型的矩形通道，且宽度为 w_C，深度为 d_C，其水力直径为

$$D_H = \frac{2w_C d_C}{w_C + d_C} \tag{3-16}$$

通道长度为

$$L = \frac{A_{cell}}{N_{ch}(w_C + d_C)} \tag{3-17}$$

式中，A_{cell} 为电池活性区（m^2）；N_{ch} 为平行通道的个数；w_C 为通道宽度（m）；w_L 为通道间距（m）。

电池入口处，燃料电池通道内的速度为

$$\bar{v} = \frac{Q_{stack}^{in}}{N_{cell}N_{ch}A_{ch}} \tag{3-18}$$

式中，$\bar{v}$ 为通道内的速度（m·s^{-1}）；Q_{stack}^{in} 为电池组入口处的空气流量（m^3·s^{-1}）；N_{cell} 为电池组的电池个数；N_{ch} 为每个电池中的平行通道个数；A_{ch} 为通道横截面面积，根据之前定义，对于矩形通道，$A_{ch} = bd$。

电池组入口的总流量为

$$Q_{\text{stack}}^{\text{in}} = \frac{I}{4F} \frac{S}{r_{O_2}} \frac{RT_{\text{in}}}{P_{\text{in}} - \varphi P_{\text{sat}(T_{\text{in}})}} N_{\text{cell}} \qquad (3\text{-}19)$$

式中，$Q_{\text{stack}}^{\text{in}}$ 为体积流量（$\text{m}^3 \cdot \text{s}^{-1}$）；$I$ 为电池组电流（A），$I = iA_{\text{cell}}$；F 为法拉第常数，$F = 96485$（mol^{-1}）；S 为氧化学计量比；r_{O_2} 为空气中的氧含量，按体积，$r_{O_2} = 0.2095$；R 为通用气体常数，$R = 8.314$（$\text{J} \cdot \text{mol}^{-1} \cdot \text{K}^{-1}$）；$T_{\text{in}}$ 为电池组的入口温度（K）；P_{in} 为电池组的入口压力（Pa）；φ 为相对湿度；P_{sat} 为给定入口温度时的饱和压力；N_{cell} 为电池组的电池个数。

联立式（3-17）~ 式（3-19），则电池组入口速度为

$$\bar{v} = \frac{i}{4F} \frac{S}{r_{O_2}} \frac{(w_{\text{L}} + w_{\text{C}})}{w_{\text{C}} d_{\text{C}}} L \frac{RT}{P - \varphi P_{\text{sat}}} \qquad (3\text{-}20)$$

雷诺数（Reynolds number，用符号表示为 Re）对于确定通道内的流动是层流还是湍流十分重要。在通道入口处的雷诺数为

$$\begin{aligned}
Re &= \frac{\rho \bar{v} D_{\text{H}}}{\mu} \\
&= \frac{1}{\mu} \frac{i}{2F} \frac{S}{r_{O_2}} \frac{(w_{\text{C}} + w_{\text{L}})L}{w_{\text{C}} + d_{\text{C}}} (M_{\text{Air}} + M_{\text{H}_2\text{O}}) \frac{\varphi P_{\text{sat}(T_{\text{in}})}}{P_{\text{in}} - \varphi P_{\text{sat}(T_{\text{in}})}}
\end{aligned} \qquad (3\text{-}21)$$

电池组出口的流量与入口的流量略有不同，取决于入口和出口处的条件（流量、温度、压力和湿度），可能较低、相等或较高。假定出口流对于水蒸气饱和，则电池组出口处的流量为

$$Q_{\text{stack}}^{\text{out}} = \frac{I}{4F} \left(\frac{S}{r_{O_2}} - 1 \right) \frac{RT_{\text{out}}}{P_{\text{in}} - \Delta P - P_{\text{sat}(T_{\text{out}})}} N_{\text{cell}} \qquad (3\text{-}22)$$

式中，ΔP 为电池组的压降。

出口与入口流量之比，即速度，为

$$\frac{Q_{\text{stack}}^{\text{out}}}{Q_{\text{stack}}^{\text{in}}} = \frac{S - r_{O_2\text{in}}}{S} \frac{T_{\text{out}}}{T_{\text{in}}} \frac{P_{\text{in}} - \varphi P_{\text{vs}(T_{\text{in}})}}{P_{\text{in}} - \Delta P - P_{\text{sat}(T_{\text{out}})}} \qquad (3\text{-}23)$$

式中，第一项总是小于1，第二项大于或等于1（取决于入口温度是小于还是等于出口温度），第三项取决于入口温度和湿度（如果入口处的气体在电池组温度下饱和，则该项大于1）。对于所有实际应用，入口和出口流量之差在 ±5% 内变化。

对大多数气体而言，黏度随压力的变化较小，但会随温度而变化。黏度表示为

$$\mu = \mu_0 \left(\frac{T_0 + C}{T + C} \right) \left(\frac{T}{T_0} \right)^{\frac{3}{2}}$$

式中，μ_0 为温度 T_0 时的已知黏度；C 为系数。

混合气体的黏度，如潮湿空气或潮湿的氢，可由下式计算：

$$\mu_{mix} = \frac{\mu_1}{1 + \psi_1 \dfrac{M_2}{M_1}} + \frac{\mu_2}{1 + \psi_2 \dfrac{M_1}{M_2}} \tag{3-24}$$

式中，μ_1、μ_2 分别为组分 1 和 2 的黏度；r_1、r_2 分别为混合气体中组分 1 和 2 的体积分数；M_1、M_2 分别为组分 1 和 2 的分子质量；ψ_1、ψ_2 分别为

$$\psi_1 = \frac{\sqrt{2}}{4} \left[1 + \left(\frac{\mu_1}{\mu_2} \right)^{0.5} \left(\frac{r_2}{r_1} \right)^{0.25} \right]^2 \left(1 + \frac{r_1}{r_2} \right)^{-0.5} \tag{3-25}$$

$$\psi_2 = \frac{\sqrt{2}}{4} \left[1 + \left(\frac{\mu_2}{\mu_1} \right)^{0.5} \left(\frac{r_1}{r_2} \right)^{0.25} \right]^2 \left(1 + \frac{r_2}{r_1} \right)^{-0.5} \tag{3-26}$$

对于通道内的静态层流，摩擦因子和雷诺数的乘积为常数：

$$Ref = 常数 \tag{3-27}$$

对于一个环形通道，$Ref = 64$。对于矩形通道，Ref 的值取决于通道的高宽比 w_C/d_C：

$$Ref \approx 55 + 41.5 \exp \left(\frac{-3.4}{w_C / d_C} \right) \tag{3-28}$$

对于正方形通道，$Ref \approx 56$。

尽管一些几何压力损耗系数 K_L 可用于各种弯管或弯头，但没有一个适合于燃料电池中特定形状的气体流动通道。

对于完全湍流，摩擦系数 f 与雷诺数无关，可由卡尔曼方程近似。值得注意的是，通道的三个管壁是光滑的，而第四个管壁为多孔的气体扩散层。对于多孔流场，压降可根据达西定律确定，即

$$\Delta P = \mu \frac{Q_{cell}}{kA} L \tag{3-29}$$

式中，μ 为流体黏度（$kg \cdot m^{-1} \cdot s^{-1}$）；$Q_{cell}$ 为一块电池的体积流量（$m^{-3} \cdot s^{-1}$）；k 为可渗透性因子（m^2）；A 为流场的横截面面积（m^2）；L 为流场的长度（m）。

式（3-29）还可用于近似层流形式的任一流场的压降。可渗透性因子 k 是对于整个流场而言，且必须由实验确定。

在大多数情况下，燃料电池中的流动都是层流，这意味着压降与流速呈线性比例关系，即与流量成正比。但是，在燃料电池通道中的均匀管流会存在一些偏差：① GDL 的粗糙度不同于通道管壁的粗糙度；②反应气体参与化学反应，尽管不明显，但流量会沿通道发生变化；③通道温度可能不均匀；④通常，并非直通道，而存在许多急弯（90° 或 180°）；⑤通道内可能以小液滴或薄膜的形式存在液态水，都会显著减小通道的横截面面积。

图 3-25 给出了当室温下的干燥空气在电池组中流动且无电流，从而也不会产生水的情况下，三电池 65cm² 电池组阴极侧的流量与压降之间的线性关系。流量最大时，阴极通道入口处的雷诺数小于 250。若潮湿空气（100% RH，60℃）在电池组中流动，压降会更大，这是由于在不工作的冷电池组中发生冷凝；但随着流量增加，压降会接近于干燥空气，这可解释为通道速度较高时能够提高电池组排水效果。

当电池组工作并产生水时，若由于所有产生的水在空气中蒸发而导致输入空气干燥，压降与流量线性成正比。注意，由于所消耗的每个氧分子由两个水蒸气分子代替，因此出口处的摩尔流量高于入口流量。若输入空气完全增湿，产生的水不可能会蒸发，从而使得压降随着空气流量（以及电流，即水的生成率）开始指数增大。

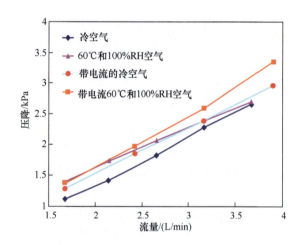

图 3-25 三电池 65cm² 电池组的压降与流量之间的线性关系

示例

计算一个六十电池 65cm² 电池组阴极流场的压降。电池组工作在 125kPa（入口）、60℃且空气饱和的条件下。流量与 3 倍化学计量比的电流成正比。0.7V 时的额定工作点为 0.4A·cm⁻²。阴极流场由 6 个 0.8mm 宽、0.8mm 深、间隔 0.8mm 且具有 4 个 90° 弯管的平行蛇形通道组成。

解

压降为 [式（3-15）]

$$\Delta P = f \frac{L}{D_H} \rho \frac{\bar{v}^2}{2} + \sum K_L \rho \frac{\bar{v}^2}{2}$$

水力直径为 [式（3-16）]

$$D_{\mathrm{H}} = \frac{2w_{\mathrm{C}}d_{\mathrm{C}}}{w_{\mathrm{C}} + d_{\mathrm{C}}} = 2 \times 0.08 \times \frac{0.08}{0.08 + 0.08} = 0.08(\mathrm{cm})$$

通道长度为 [式（3-17）]

$$L = \frac{A_{\mathrm{cell}}}{N_{\mathrm{ch}}(w_{\mathrm{C}} + d_{\mathrm{C}})} = \frac{65}{6 \times (0.08 + 0.08)} = 67.7(\mathrm{cm})$$

电池组入口处的流量为 [式（3-19）]

$$\begin{aligned}
Q_{\mathrm{stack}}^{\mathrm{in}} &= \frac{I}{4F} \frac{S}{r_{\mathrm{O_2}}} \frac{RT_{\mathrm{in}}}{P_{\mathrm{in}} - \varphi P_{\mathrm{sat}(T_{\mathrm{in}})}} N_{\mathrm{cell}} \\
&= \frac{0.4 \times 65}{4 \times 96485} \frac{3}{0.21} \frac{8.314 \times (273.15 + 60)}{125000 - 19944} \times 60 \\
&= 0.00152(\mathrm{m}^{-3} \cdot \mathrm{s}^{-1}) \\
&= 1520(\mathrm{cm}^3 \cdot \mathrm{s}^{-1})
\end{aligned}$$

式中，60℃的饱和压力为 19944Pa。

电池入口处燃料电池通道内的流速为 [式（3-18）]

$$\bar{v} = \frac{Q_{\mathrm{stack}}^{\mathrm{in}}}{N_{\mathrm{cell}}N_{\mathrm{ch}}A_{\mathrm{ch}}} = \frac{1520}{60 \times 6 \times 0.08 \times 0.08} = 660(\mathrm{cm} \cdot \mathrm{s}^{-1})$$

通道入口处的雷诺数为 [式（3-21）]

$$Re = \frac{\rho \bar{v} D_{\mathrm{H}}}{\mu}$$

$$\begin{aligned}
\rho &= \frac{(P - P_{\mathrm{sat}})M_{\mathrm{air}} + P_{\mathrm{sat}}M_{\mathrm{H_2O}}}{RT} \\
&= \frac{(125000 - 19944) \times 29 + 19944 \times 18}{8314 \times (273.15 + 60)} = 1.23(\mathrm{kg} \cdot \mathrm{m}^3) = 0.00123(\mathrm{g} \cdot \mathrm{cm}^3)
\end{aligned}$$

潮湿空气的黏度为 [式（3-24）～式（3-27）]

$$\mu = 2 \times 10^{-5}\mathrm{kg} \cdot \mathrm{m}^{-1} \cdot \mathrm{s}^{-1} = 0.0002\mathrm{g} \cdot \mathrm{cm}^{-1} \cdot \mathrm{s}^{-1}$$

$$Re = \frac{\rho \bar{v} D_{\mathrm{H}}}{\mu} = 0.00123 \times 660 \times \frac{0.08}{0.0002} = 324.7$$

$$Ref \approx 55 + 41.5 \exp\left(\frac{-3.4}{\dfrac{b}{d}}\right) = 56$$

摩擦因子为

$$f \approx \frac{56}{Re} = \frac{56}{324.7} = 0.172$$

最后可得压降为

$$\Delta P = f \frac{L}{D_{\mathrm{H}}} \rho \frac{\overline{v}^2}{2} + \sum K_{\mathrm{L}} \rho \frac{\overline{v}^2}{2} = 0.172 \times \frac{0.677}{0.0008} \times 1.23 \times \frac{6.6^2}{2} + (4 \times 30 \times 0.172) 1.23 \times \frac{6.6^2}{2}$$
$$= \Delta P = 4452 (\mathrm{Pa})$$

由此，计算得到入口条件下的压降。出口处的流速相对较低，从而导致流经通道的平均流速也较低，使得压降稍低。通过迭代过程可计算得到精确解。

应设计该六十电池的电池组的入口歧管和出口歧管，以使得歧管压降比单个电池的压降至少低一个数量级，即小于 4452Pa（电池组总压降约为 5300Pa）。

3.4 密封件与端板

1. 单体电池

单体电池是构成电池组的基本单元，电池组的设计要以单体电池的实验数据为基础。各种关键材料的性能与寿命最终要通过单体电池实验的考核。

对于 PEMFC，由于膜为高分子聚合物，仅靠电池组的组装力，不但电极与膜之间的接触不好，而且质子导体也无法进入多孔气体电极的内部。为了实现电极的立体化，需要向多孔气体扩散电极内部加入质子导体（如全氟磺酸树脂），同时为改善电极与膜的接触，将已加入全氟磺酸树脂的阳极、隔膜（全氟磺酸膜）和已加入全氟磺酸树脂的阴极压合在一起，形成"三合一"组件（MEA）。具体制备工艺如下。

1）对膜进行预处理，以清除质子交换膜上的有机与无机杂质。首先将质子交换膜在 80℃、3%~5% 的过氧化氢水溶液中进行处理，以除掉有机杂质；取出后用去离子水洗净，在 80℃ 的稀硫酸溶液中进行处理，去除无机金属离子；然后以去离子水洗净，置于去离子水中备用。

2）将制备好的多孔气体扩散型氢电极、氧电极浸渍或喷涂全氟磺酸树脂溶液，通常控制全氟磺酸树脂溶液的担载量为 0.6~1.2mg/cm^2，在 60~80℃下烘干。

3）在质子交换膜两侧分别安放氢、氧多孔气体扩散电极，置于两片不锈钢平板中间，送入热压装置中。在温度 130~135℃、压力 6~9MPa 下热压 60~90s，取出后冷却降温，制得 MEA，如图 3-26 所示。

上述 MEA 制备工艺适于采用厚层憎水电极。制备过程的关键之一是向电极催化层浸入 Nafion 溶

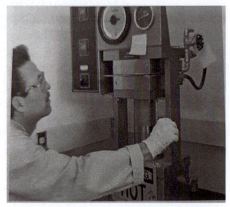

图 3-26　MEA 的热压成型

液实现电极立体化的过程，即步骤 2 ）。对此步操作，除了要控制 Nafion 树脂的担载量分布均匀，还应防止 Nafion 树脂浸入扩散层。一旦大量的 Nafion 树脂浸入扩散层，将降低扩散层的憎水性，增加反应气体经扩散层传递到催化剂层的传质阻力，即降低极限电流，增加浓差极化。为使 Nafion 树脂均匀浸入催化剂层，可将 Nafion 溶液先浸入多孔材料（如布、各种多孔膜）中，再用压力转移方法，控制转移压力，定量地将多孔膜中的 Nafion 溶液转移至催化剂层中。这种方法易于控制，但工艺比刷涂或喷涂复杂一些。

为改善电极与膜的结合程度，也可先将质子交换膜与全氟磺酸树脂通过离子交换转换为 Na 型。这样，可将热压温度提高到 150 ~ 160℃。若将全氟磺酸树脂先转换为热塑性的季铵盐型（如采用四丁基氢氧化铵与树脂交换等），则热压温度可提高到 195℃。热压后的"三合一"组件需置于稀硫酸中，再经离子交换将树脂与质子交换膜重新转换为 H^+ 型。

2. 电池组

（1）电池组结构与组成

电池组的主体为 MEA、双极板及相应夹板，如图 3-27 所示。电池组一端为阴单极板，可兼作为电流导出板，为电池组的正极；另一端为阳单极板，也可兼作为电流导入板，为电池组的负极，与这两块导流板相邻的是电池组端板，也称为夹板。在它上面除了布有反应气与冷却液进出通道，周围还布置有一定数目的圆孔，在组装电池时，圆孔内穿入螺杆，给电池组施加一定的组装力。

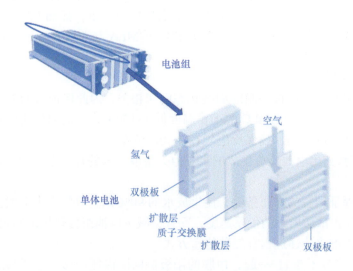

图 3-27　PEMFC 单体电池与电池组结构示意图

（2）电池组设计原则

效率和功率密度分别是电池组在标定功率下运行时的能量转化效率和在标定功率下运行时的质量功率密度和体积功率密度。对于不同用途的电池组，设计时要遵循不同的原则。

1）对于民用发电（分散电源或家庭电源），能量转化效率更为重要，而对体积功率密度与质量功率密度的要求次之。故依据用户对电池组工作电压的要求确定串联的单体电池数目时，一般选取单体电池电压为 0.70 ~ 0.75V。这样在不考虑燃料利用率时，电池组的效率可达 56% ~ 60%（低热值）。再依据单体电池的实验伏安特性曲线，确定电池组工作电流密度，进而依据用户对电池组标定功率的要求确定电极的工作面积。在确定工作面积时，还应考虑电池系统的内耗。

2）对于电动汽车发动机用的 PEMFC 和各种移动动力源，则对电池组的质量功率密度和体积功率密度的要求更高些。为提高电池组的质量功率密度和体积功率密度，在电池关键材料与单体电池性能已定时，只有提高电池工作电流密度，此时一般选取单体电池工作电压为 0.60 ~ 0.65V，再依据用户对电池工作电压的要求确定单体电池数目，进而依据伏安特性曲线确定电极的工作面积。

流场结构对 PEMFC 电池组至关重要，而且与反应气纯度、电池系统的流程密切相关。因此，在设计电池组结构时，需要根据具体条件，如反应气纯度、流程设计（如有无尾气回流，如有，回流比是多少等）进行化工设计，各项参数均要达到设计要求，并经单体电池实验验证可行后方可确定。

（3）电池组的密封

PEMFC 电池组的密封要求是按照设计的密封结构，在电池组组装力的作用下，达到反应气、冷却液不外漏，燃料、氧化剂和冷却液不互窜。对于 PEMFC 电池组而言，电池组的密封机构与 MEA 的结构密切相关。一般 PEMFC 多采用线密封，这样可以减小组装力。密封件可由平板橡胶冲剪、模压制备或采用注入法特制密封胶。放置密封件的沟槽一般开在双极板上，以简化 MEA 的结构。

在电池组运行过程中，电池组中的密封件（一般是橡胶密封件）会老化，密封性能会随时间逐渐变差，尤其是要长期运行的电池组老化更为严重，然而 PEMFC 中的密封件又不能定期更换，为了确保电池组的密封良好和保证 MEA 与双极板紧密接触，需要在电池组组装时增加自紧装置。

（4）电池组的水管理

膜的质子（离子）导电性与膜的润湿状态密切相关，因此保证膜的充分润湿性是电池正常运行的关键因素之一。PEMFC 的工作温度低于 100℃，电池内生成的水以液态形式存在，一般是采用适宜的流场，确保反应气在流场内流动线速度达到一定值（如每秒几米以上），依靠反应气吹扫出电池反应生成的水。但大量液态水的存在会导致阴极扩散层内氧传质速度的降低。

因此，应该保证适宜的操作条件，使生成水的 90% 以上以气态水形式排出。这样不但能增加氧阴极气体扩散层内氧的传质速度，而且会减少电池组废热排出的热负荷。

质子交换膜内的水传递过程有三种传递方式。

1）电迁移：水分子与 H^+ 一起，由膜的阳极侧向阴极侧迁移。电迁移的水量与电池工作电流密度和质子的水合数有关。

2）浓差反扩散：PEMFC 为酸性燃料电池，水在阴极侧生成，因此膜阴极侧水浓度高于阳极侧，在水浓差的作用下，水由膜的阴极侧向阳极侧反扩散。反扩散迁移的水量与水的浓度梯度和水在质子交换膜内的扩散系数成正比。

3）压力迁移：在 PEMFC 的运行过程中，一般使氧化剂压力高于还原剂的压力，在反应气压力梯度作用下，水由膜的阴极侧向阳极侧传递，即压力迁移。压力迁移的水量与压力梯度和水在膜中的渗透系数成正比，而与水在膜中的黏度成反比。

水在质子交换膜内的迁移过程可用能斯特 – 普朗克方程表示：

$$N_{w,m} = n_d \frac{i}{F} - D_m \nabla C_{w,m} - C_{w,m} \frac{\kappa_p}{\mu} \nabla p_m \tag{3-30}$$

式中，n_d 为水的电迁移系数；i 为电流密度；F 为法拉第常数；D_m 为水在膜中的扩散系数；κ_p 为水在膜中的渗透系数；μ 为水在膜中的黏度；$C_{w,m}$ 为膜中水的浓度；p_m 为膜两侧的压力。

由式（3-30）可知：①阴极侧的压力高于阳极侧的压力，有利于水从膜的阴极向阳极侧的传递，但压力差受电池结构的限制和空压机功耗的制约；②膜越薄越有利于水由膜的阴极侧向阳极侧的反扩散，有利于用电池反应生成的水润湿膜的阳极；③当电池在低电流下工作时，由于膜内的迁移质子少，随质子电迁移的水也少，有利于膜内水浓度的均匀分布。

PEMFC 工作温度低于 100℃，电化学反应生成的水为液态。生成的水可通过两种方式排出：气态或液态。当反应气达到当地相应温度下水蒸气分压力时，水可汽化，并随电池排放的尾气排出电池；当反应气的相对湿度超过当地温度对应的饱和水蒸气湿度时，电池生成的水以液态形式存在，液相水主要在毛细力和压差作用下，传递到扩散层的气相侧，由反应气吹扫出电池。一般两种排水方式在电池中同时存在，其比例与电池的工作条件和燃料与氧化剂的状态等有关。水的蒸发与凝结是一个典型的相变过程，并有相变热的吸收或放出。当电池中产生液相水时，电池中的流动是两相流动。由于电池本身的结构特点，相对于气相水而言，液相水的排出会更加困难。而当电池在高电流密度下运行时，两相流的发生是不可避免的。

（5）电池组的热管理

为了维持电池的工作温度恒定，必须将 PEMFC 产生的废热排出。目前对 PEMFC 电池组采用的排热方法主要是冷却液循环排热法。冷却液是纯水或水与乙二醇的混合液。对于小功率的燃料电池组，也可采用空气冷却方式。正在发展采用液体（如乙醇）蒸发排热方法。

在电池组排热设计中，应根据电池组的排热负荷，在确定的电池组循环冷却液进出口最大压差的前提下，依据冷却液的比热容计算其流量。为确保电池组温度分布的均匀性，冷却液进出口最大温差一般不超过 10℃，最好为 5℃。这样，冷却液流量比较大，为减少冷却水泵功耗，应尽量减少冷却液流经电池组的压力降。在冷却通道的设计中要考虑流动阻力的因素。

当以水为冷却液时，应采用去离子水，对水的电导要求很严格。一旦水被污染，电导升高，则在电池组的冷却水流经的共用管道内要发生轻微的电解，产生氢氧混合气体，影响电池的安全运行，同时也会产生一定的内漏电，降低电池组的能量转化效率。

当用水和乙二醇混合液作为冷却液时，冷却液的电阻将增大。由于冷却液的比热容降低，循环量要增大，而且一旦冷却液被金属离子污染，其去除要比纯水难度大得多，因为水中的污染金属离子可通过离子交换法去除。

对千瓦级尤其是百瓦级 PEMFC 电池组，可以采用空气冷却来排除电池组产生的废热。

第4章　氢燃料电池系统设计

燃料电池堆自身并不能工作，它的运行需要借助若干个辅助子系统，由此来输出有效的可靠的电压。本章将介绍这些组件，并逐一分析它们对燃料电池堆性能的影响，旨在验证燃料电池系统是否能够以及如何真正匹配车辆的要求，并说明辅助部件的寄生功率损失以及燃料电池系统在启动、频繁启停、快速负载变化和可变功率水平方面的动态性能。本章还讨论了为保证电堆在汽车的应用中能实现最佳的性能而必须进行的燃料电池系统和管理策略之间的交互，并简要介绍了燃料电池系统的成本。

在过去的 20 年中，许多汽车厂商生产了几种以氢气（H_2）为燃料的燃料电池汽车，其特点是独特的动力性、环保性以及较高的可靠性（例如梅赛德斯·奔驰在 2009 年年底推出了新型 B 级 F-Cell，配有最新一代的燃料电池、锂离子电池和先进的燃料储罐）。另外还有人提出以一些液体（甲醇、汽油和柴油）作为燃料供应给电堆，但是其需要车载燃料处理器来将液体混合物转化成氢气。在这种情况下，需要仔细考虑燃料处理器对整个推进系统动力组成的选择和电堆耐久性的影响。带有处理器单元的燃料电池系统由于其热惯性动态响应速度很慢，意味着电堆必须在稳态条件下运行。而一些化合物（如 CO 或 NH）不可避免地出现在重整器出口氢气流中，对于堆电极来说，这些化合物即使在很低的浓度下仍是危险的污染物。然而，目前以重整流体作为燃料供给的电堆，其长期耐久性还没有相关的研究成果。重整流体是一种经过处理的燃料，通常用于燃料电池中，以提高燃料的利用率和电池的性能。但长期使用这种燃料供给的电堆，可能会面临一些问题，如催化剂的老化、电极的腐蚀等，这些问题会影响电堆的性能和寿命。由于缺乏长期耐久性的研究成果，所以对于这种以重整流体为燃料的电堆在实际应用中的可靠性和稳定性，还需要进一步的研究和验证。

车载燃料处理器的在汽车领域中的实际商业化使用还有很长一段路要走，因为存在碳排放，并且使用了不可再生燃料。

此外，相对而言，由纯氢气供给的质子交换膜燃料电池系统在系统动力性、燃料电池成本（阳极的贵金属负载最小）方面显示出优势，并且在电堆和系统功率密度方面，分别能达到 1.36kW/L 和 0.6kW/L。

本章的讨论仅限于氢燃料电池系统，不包括以含氢载体（烃混合物、甲醇）作为燃料的燃料电池系统。

4.1　氢燃料电池系统概述

质子交换膜燃料电池的运行特性可以归纳为以下 7 点。

1）可以使用不同的燃料，但氢气是能使质子交换膜燃料电池高效可靠运行的最佳还原剂。

2）氧气是电堆阴极一端的理想反应物，但也可以直接供给空气，在这种情况下需要过量的氧化剂。

3）水是电化学反应的产物。

4）适当的压力和温度提高了单体电池的性能。

5）电解质膜需要在任何的压力和温度的操作条件下保持适当的水合。

6）热量是燃料电池反应的副产品，可逐渐提高电池温度。

7）电堆运行温度不能超过 90℃。

因此，就效率和可靠性而言，质子交换膜燃料电池性能的优化需要对反应物的供给以及冷却和增湿子系统进行适当的设计和管理。

辅助设备（Balance of Plant，BOP）的选择和大小取决于它们与电堆之间的相互作用，以及整个系统内部可能存在的所有其他的关联。

图 4-1 所示为一种车用氢气质子交换膜燃料电池系统方案。在该方案中燃料电池设备的输入 / 输出包括：氧化剂是空气，燃料则从选定的氢气储存装置进入燃料电池系统。氢气被氧化发生电化学反应产生电能、水和热量。水和热量可部分地被回收用于电池管理。同样，图 4-1 给出了供给反应物、控制电堆温度以及确保质子交换膜在电堆的反应过程中有足够湿度所必需的主要的燃料电池子系统。图 4-1 所示的所有子系统之间的相互联系，强调了辅助设备和电堆之间的复杂集成的必要性。通过集成系统可以优化燃料电池系统的效率和可靠性，并且充分发挥质子交换膜燃料电池的动态性能。

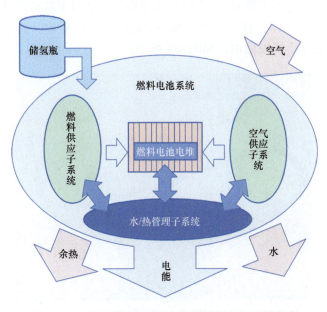

图 4-1　一种车用氢气质子交换膜燃料电池系统方案

燃料供应部分的设计必须集中在如何将氢气最佳地供应到电堆的阳极。4.3 节对比了各种不同种类的空气供应子系统，着重在压力工作和功耗方面分析了其性能。因为反应产生的热量会不断提高质子交换膜的温度，所以热管理子系统是必不可少的。这与增湿问题有关，因此就需要开发能够控制整个系统内部的电堆温度和热流的子系统。

燃料电池系统水管理是质子交换膜燃料电池堆高效可靠运行的关键因素。该子系统的主要目标是通过交换膜的水合控制和水平衡来实现燃料电池系统的耐久性，其设计和控制问题不仅密切地与热管理子系统相关，而且也与反应物供应子系统有关。

上述子系统的分析主要针对适用于车用燃料电池的辅助设备，并着重介绍了与整个燃料电池系统内部交互框架有关的主要方面；讨论了氢燃料电池系统的基本属性，并且通过一种集成设备来分析优化整个系统的效率和可靠性可能遇到的一些问题；同时讨论了主要运行参数对系统工作的影响，并分析了与快速负荷变化和预热阶段有关的动态行为的问题。

4.2　氢气供应子系统

燃料供应子系统的布局及其管理策略取决于安装在车上的储氢瓶的类型。氢气供应子系统是实现氢气存储，向电堆提供合适压力、流量和湿度的氢气以满足车辆行驶的所有零部件的构成，主要由储氢瓶、喷射器、过滤器、减压阀、截止阀、气液分离器、氢气循环泵及管路和接头组成。对于各种类型的储氢系统，氢气供应子系统中要控制的主要参数有工作压力、相对湿度、燃料纯度等级和流体动力学条件。

4.2.1　储氢瓶

高压气态储氢是当前在燃料电池汽车上应用最为广泛也最为成熟的储氢技术，它是指在氢气临界温度以上，通过高压压缩方式存储气态氢。通常采用气罐作为容器，优点是存储能耗低、成本低（压力不太高时），充放气速度快，在常温下就可放氢，零下几十摄氏度的低温环境下也能正常工作，且通过减压阀即可调控氢气的释放。高压气态储氢已是比较成熟的储氢方案，已经小规模商用，如图 4-2 所示。

图 4-2　高压气态储氢的储氢瓶技术

车载储氢的发展方向如下：增加内压、减小瓶体质量、提高储氢容量。目前，高压气态储氢容器主要分为纯钢制金属瓶（Ⅰ型）、钢制内胆纤维缠绕瓶（Ⅱ型）、铝内胆纤维缠绕瓶（Ⅲ型）及塑料内胆纤维缠绕瓶（Ⅳ型）。由于高压气态储氢容器Ⅰ型、Ⅱ型质量储氢密度低、氢脆问题严重，难以满足车载质量储氢密度要求；而Ⅲ型、Ⅳ型瓶由内胆、碳纤维强化树脂层及玻璃纤维强化树脂层组成，明显减小了气瓶质量，提高了单位质量储氢密度。因此，车载储氢瓶大多使用Ⅲ型、Ⅳ型。Ⅲ型瓶以锻压铝合金为内胆，外面包覆碳纤维，使用压力主要分为 35MPa 和 70MPa 两种。我国车载储氢中主要使用 35MPa 的Ⅲ型瓶，70MPa 瓶也已研制成功并小范围应用。国内有专家研发的 70MPa 轻质铝内胆纤维缠绕储氢瓶，解决了高抗疲劳性能的缠绕线形匹配、超薄（0.5mm）铝内胆成型等关键问题，其单位质量储氢密度达 5.7%，实现了铝内胆纤维缠绕储氢瓶的轻量化。目前 70MPa Ⅲ型瓶使用标准 GB/T 35544—2017《车用压缩氢气铝内胆碳纤维全缠绕气瓶》已经颁布，并小范围应用于轿车中。

戴姆勒 – 克莱斯勒集团公司研发的 Necar4 型以及通用汽车公司研发的"氢动一号"燃料电池汽车均采用液氢为燃料。理论上讲，氢气以液态存储才能达到最高的存储密度。由于低温容器的热泄漏，液氢的生产、存储、运输、加注以及液氢化消耗的大量能量等问题，导致其尚未大规模使用。液氢的温度为 –253℃，每天大约有 1% 的液氢因漏热而蒸发，从而导致密闭容器中氢气的压力升高，为了安全，需要通过安全阀将氢气定期排放到大气中，损耗巨大。液氢非常适合短时间使用，如发射航天飞机等；也适合连续不断地长期使用，蒸发的氢气可以很快使用，不存在排空问题。

车载纯氢方案主要直接使用气氢和液氢两种，而固体储氢技术，如金属氢化物储氢，由于本身技术不过关，目前尚不能应用。

4.2.2　减压阀与截止阀

氢气供应子系统中，氢气由高压储氢瓶释出，经瓶口瓶阀集成调节器，确认气体参数是否在设计允许范围内，否则启动紧急泄控装置或过流泄压装置。之后，再经过氢气净化装置，净化氢气使其不至于污染电堆。高压减压阀通过减压调节氢气压力，为电堆提供足够流量、合适稳压的氢气，后安装有安全阀以防止高压减压阀失效，损坏阀后元器件。电堆入口安装低压调节器，再一次减压稳压，一般选择稳压效果好的低压减压阀。为了提高氢气利用率，氢气尾排进入氢气循环系统，将尾排氢气滤水后，再进入电堆的入口循环利用，完成整个工作过程。减压阀是通过调节阀门开度，将进口压力减至某一需要的出口压力，并依靠介质本身的能量，使出口压力自动保持稳定的阀门。电堆对于进堆压力的稳定性有较高要求，但在电堆变载变流量及气瓶压力持续下降的情况下电堆进口阀阀后较难控制。除了提高减压阀稳压性能外，选择低压减压阀再次稳压，既能保证压力稳定又能保证氢气的流量。减压阀示意图如图 4-3 所示。

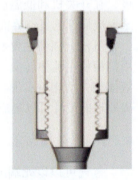

图 4-3　减压阀示意图

当系统正常通电工作时，电磁阀处于开启状态，一旦泄漏氢气浓度达到保护值则自动关闭，从而达到切断氢源的目的。手动截止阀处于常开状态，当气瓶电磁阀失效时可以手动切断氢源。电磁阀和手动截止阀联合作用，可有效地避免氢气泄漏。

4.2.3 气液分离器

燃料电池系统设计和开发的核心是优化电堆内部的水管理。燃料电池在电化学反应时会生成水，一部分生成的水会通过微孔层和扩散层进入阴极流道，也会有一部分水会渗透到膜的阳极一侧，当电化学反应时，阳极侧氢离子的运动会从阳极将部分水拖曳至阴极，此外系统还会控制燃料电池反应气体的进气湿度和水的排出。保持系统内部合理的水管理，使膜内含水量处于合理范围，防止电堆零部件内的液态水阻碍反应气体的扩散。

在燃料电池系统中，阴极电化学反应的水绝大多数通过空气出口排出，但仍有一部分水分通过质子膜反扩散至阳极，通过阳极出口排出电堆，如图4-4所示。很多公司在燃料电池阳极设计时使用了气液分离器，如丰田Mirai燃料电池系统的氢气循环系统中安装了气液分离器，液态水通过电磁阀排出电堆，水蒸气再循环至电堆阳极入口。气液分离器的使用有效提升了系统的氢气利用率，提升了发电效率，减少了液态水对燃料电池耐久性的影响。

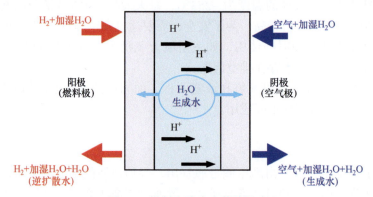

图4-4　燃料电池中水传输行为

由于使用了氢气循环泵，当液态水循环进入氢气入口时，由于液态水对反应气体的阻碍作用，有的氢燃料电池会产生明显的电压波动，需要通过脉排阀立即排水，但通过分离循环介质中的液态水，脉排的时间间隔延长，有效提升了氢气的利用率。对于燃料电池阳极，在开关机和低温启动时，如果没有排掉流道和扩散层内的液态水，会造成氢气欠气甚至形成局部的氢空界面。冬季结冰则上述现象的影响更为严重。

气液分离器主要利用流体转向过程时气液的比重不同，液体下沉与气体分离。可以利用挡板使主流体转向，也可以利用离心分离作用通过高速气流将液体甩到容器壁上，这些液体失去动能后实现与气体分离，还有的利用过滤器或冷凝器实现气液分离。不同气液分离原理的设计可以集成在一个气液分离器中使用。

4.2.4 喷射器和氢气循环泵

氢气可以以死端或循环模式实现供给。使用纯氢气而非烃衍生的氢混合物作为燃料，使系统能够在所谓的"死端"模式下供给燃料。在这种情况下，通过位于出口处的阀门，氢气被加压并供给到电堆中，这意味着能够通过电池组供应的电流来决定通过阳极通道的燃料的流动速率，并让其仅与所需的功率有关。氢气在没有负载的情况下停止流动。这种方案通常需要排气阀来排出在电堆运行期间可能积聚在阳极侧的氮气和水。这种阀门通常是电子控制的电磁阀。

如果燃料电池汽车配备有燃料重整器，则另一种所谓的"循环"模式就可以作为替代模式。这种模式需要额外的组件，如氢气循环泵或喷射器。两种模式之间的选择会影响特定子系统的设计，并可能影响它与其他燃料电池系统组件的集成。

图 4-5 所示为一种车用氢燃料电池系统的燃料供应子系统的模式。压力调节器设计的目的是调节入口压力以确保化学反应所需的氢气流量。进口压力和燃料排放是两种工作模式下要控制的主要参数，但是对于两种模式，排气阀的作用是不同的。在死端模式下，当氧化剂是空气时，氮气容易从阴极流场穿过电解质到达阳极。随着燃料在燃料电池中的消耗，阳极中的氮浓度逐渐增加，积聚在阳极，这将对燃料电池的性能产生负面影响。此外，增湿控制在一些运行阶段可能会使阴极和阳极侧的电极表面上出现小滴液体，这是很危险的，它会导致电堆水淹和燃料供给不足的问题，在电堆需要输出功率时干扰到氢气供应通道。这时排气阀就可以起到作用了，它可以排出阳极中可能积聚的过量的氮和水，消除催化剂表面的大部分液体分子并提高燃料的纯度。因此，为了尽可能减少氮气穿过电解质同时避免溢流的现象，使电堆可靠高效地运行，保持电堆质子交换膜充分水合的管理策略就必须包括排气阀周期性开闭。排气阀通常是关闭的，但是在必要时，控制策略会通过控制排气阀特定的开启时间和频率，让电堆足以排出污染物，同时又防止有用燃料不必要的泄漏。为了评估排气对燃料电池系统效率的影响，可以定义一个表示供给燃料转换成实际参与反应燃料的比例系数，该系数在优化实现中可以达到 90% 甚至更高。

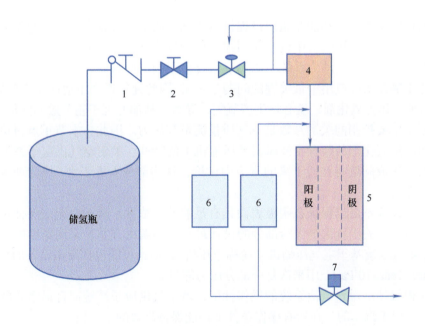

图 4-5 一种车用氢燃料电池系统的燃料供应子系统的模式，无喷射器

1—开关阀 2—压力调节器 3—比例阀 4—压力传感器 5—电堆 6—高、低流量下的喷射器 7—排气阀

在循环模式下，可以在阳极回路中采用基于燃料再循环的系统布局，即通过泵或喷射器扩散器，将一部分排出的燃料通过回路从出口再循环到入口，并与来自储氢瓶的新鲜燃料混合。这种解决方案的一个重要优点是，进入燃料电池组的混合燃料至少部分被增湿，这可以给整个增湿管理策略带来很大的好处，使阳极处气流的外部增湿最小化或完全避免。然而，氮气可能会从阴极侧穿过导体膜到达阳极侧，影响再循环回路中的燃料的纯度。这降低了燃料电池的性能和再循环装置的效率。另外，随着燃料被消耗，来自燃料源的污染物也会积聚在阳极流场（和／或阳极再循环回路）中。因此，这种方法并不排除使用排气阀的可能性；事实上强烈建议周期性地排出阳极的残余部分，以限制在燃料电池系统运行期间燃料纯度的降低程度。然而，如果对燃料供给部分的这种布局进行适当管理，就可以改善阳极湿度和纯度，并使氢气溢出最小化。在喷射器系统中，气流通过喷嘴和文丘里管回到阳极处。它们都是无源部件，不需要额外功率，但是，应该在带有循环气体的阳极湿度的最佳调节方面改进喷射器的实际性能，以满足车用燃料电池系统的要求。除了喷射器之外，还可以在阳极回路中插入鼓风机以增加压力并再循环氢气。这个解决方案为燃料电池系统管理增加了一个独立的参数，允许调整和控制子系统，但是仍然会遇到问题。比较明显的就是需要适当冷却含有氢气、氮气和水蒸气的温热气体混合物，以使氢气再循环鼓风机保持良好的耐久性。此外，系统组件的增加会导致整个燃料电池系统额外功耗的增加。

最后，基于电解方法，对阳极流场的氢气进行增压并循环的可能性也进行了研究。这种电化学式的"氢气泵"需要在外部附加小型零部件连接到外部发电设备，或者在主堆的边上额外设计另一组专门用于进行电解的副堆。

4.3　空气供应子系统

本节描述的子系统的功能是给阴极提供氧化剂。质子交换膜燃料电池通常使用空气作为氧化剂，而在一些高压气缸中也会使用纯氧作为氧化剂。尽管纯氧能使电堆具有更好的性能，但由于在燃料电池动力系统中添加氧气罐会限制氢燃料储存装置的可用空间（这是氢燃料电池车辆在实际应用中最关键的问题之一），因此纯氧通常不适用于燃料电池车辆。而且，如果纯氧作为氧化剂，就必须生产氧气，导致"从油井到车轮"效率降低。

该子系统中要控制的关键参数是空气质量流量和压力。因此，本节重点讨论能够供给特定压力和流量氧化剂的装置（鼓风机和压缩机）的特性。关于空气供应子系统与其他燃料电池子系统集成问题将在接下来的章节中讨论，这些部分着重于水／热管理策略以及整体系统性能优化。

自由对流模式不足以保证在阴极表面具有足够的氧浓度，从而也无法保证足够的燃料电池功率。因此，关于氧化剂供给部分的设计最常用的解决方案是采用紧凑的空气压缩机设备。整个供气系统基于空气压缩机（简称空压机），但也可能包括高压设备的膨胀器（压力高于 2bar，$1bar=10^5Pa$），用来恢复一部分压力能量。

为了获得最佳的燃料电池系统的操作性能，就空气供应子系统而言最重要的一个方面是选择一个适用于汽车的、在所有操作条件下都能保持高效的空压机。

可逆绝热条件下的空压机（或其他任何转换机械能的设备）的理论能量消耗可通过以下等式计算：

$$L_{mecc}^{id} = h_2 - h_1 = \int_{p_1}^{p_2} v \mathrm{d}p \tag{4-1}$$

式中，L_{mecc}^{id} 为起动压缩机所需的可逆理想机械功；h_1 和 h_2 分别为压缩阶段前后的流体焓；v 为流体的比容量；p 为工作压力，从入口值 p_1 变为出口值 p_2。

在氢燃料电池中，气流可以被认为是理想的气体混合物。理想气体的多变压缩关系为

$$T_2 = T_1 \left(\frac{p_2}{p_1} \right)^k \tag{4-2}$$

在绝热条件下：

$$k = \frac{\gamma - 1}{\gamma} \quad \gamma = \frac{c_p}{c_v} \tag{4-3}$$

式中，T_1 为入口温度值；T_2 为压缩阶段后的出口温度值；c_p 和 c_v 分别为恒定压力和体积下的比热；k 为空气参数，$k = 0.285$。

与等熵（绝热）压缩有关的理想功耗（p_{id}）可以按照下式计算：

$$p_{id} = m_a c_p T_1 \left[\left(\frac{p_2}{p_1} \right)^k - 1 \right] \tag{4-4}$$

式中，m_a 为空气质量流量。该式证明运行空压机所需的理论能量损失几乎完全取决于质量流量和压缩比（p_2/p_1）。

此外，由于不可避免的不可逆过程，真正为绝热压缩设计的机器不能达到理想的可逆等熵过程。与流体内部压力增加相关的可逆功总是可以计算为 $\int_{p_1}^{p_2} v \mathrm{d}p$，而焓的净变化与机械能耗直接相关，机械能耗随不可逆性而增加。

压缩机的效率 η_c 定义为

$$\eta_c = \frac{\int_{p_1}^{p_2} v \mathrm{d}p}{L_{mecc}} \tag{4-5}$$

式中，L_{mecc} 为达到最终所需压力值所需的总机械能。此外，效率参数 η_c 还包括运动部件的摩擦（机械损失）。最后，压缩机设备的实际功耗可以被计算为

$$P_{real} = \frac{p_{id}}{\eta_c} \tag{4-6}$$

与空压机相关的一部分功耗可以由通过使用涡轮机从废气获得的电功提供。这部分电功可以按照下面的公式计算：

$$P_{real} = m_{ex} c_{pex} T_{ex} \left[1 - \left(\frac{p_{atm}}{p_{ex}} \right)^{\frac{k-1}{k}} \right] \eta_{exp} \tag{4-7}$$

式中，η_{exp} 为涡轮机效率，而其他参数严格与燃料电池系统管理相关；m_{ex} 为排气流量；

T_{ex} 和 p_{ex} 分别为电堆的温度和压力；c_{pex} 为排气混合物的比热。在高压设备中，如果选用了压缩机膨胀器模块（Compressor Expander Module，CEM）组，那么选择合适的高效压缩机是一个重要原则。

图 4-6 展示了空气供应子系统的两种方案，涉及低压 / 高压燃料电池装置。因为空气供应子系统是所有辅助组件中功耗最高的，并严重影响整个系统的效率，所以使用鼓风机（图 4-6a）来限制功率损失，它们对整体效率的影响不可以忽略不计。实际上，鼓风机不仅需要的电力消耗较小，而且在最小负载情况下，它们还可以提供较低的空气压力值，进而限制电池电压从而提高电堆效率。无论如何，低成本和简捷性使该解决方案更适用于小型动力系统（1～10kW）。

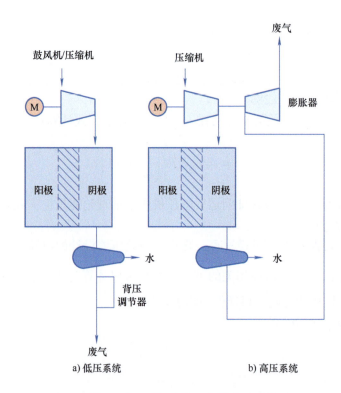

图 4-6　低压 / 高压系统中的空气供应子系统原理

高压环境决定了空压机较高的能耗，采用膨胀器模块可以从加压阴极废气中回收一些能量（图 4-6b）。该解决方案增加了系统的复杂性，可用于中大型燃料电池动力系统（10～100kW）。

空气的供给策略必须最大限度地克服功耗过大以及氧气供给不足的缺点。后一个问题在供给阴极的是空气而不是纯氧的时候会出现，氧气供应是否充足取决于电堆运行期间氧气部分的可变分压。能够克服氧气不足的控制策略是对入口压力进行精细调节，从而实现比化学计量要求更高的空气流量值。空气中的氧气浓度会在穿过反应电堆后大幅度下降。空气中所含的惰性氮气摩尔量在电堆运行期间保持不变，而氧气浓度在催化剂表面下降，这就需要随负载变化的过量空气。特别是化学计量比 R 在大范围的运行条件下需要保持在 2 左右。但是，当氧气不足的风险降低时，与高质量流量压缩阶段相关的功率消耗又可能急剧增加，从而严重限制了燃料电池系统的整体效率。

氧化剂供应装置要满足的另一个要求是：在较大范围的空气流量下保持较好的动态性能。这方面对于某些混合动力传动系统的运行模式至关重要，这些运行模式要求具有较高的电堆动力特性。

4.3.1　空气压缩机

空气压缩机还应该符合道路车辆的其他典型要求，特别是低噪声、低成本和紧凑性，进而要考虑电堆所需的氧化剂的质量。空气必须非常干净，因为少量油滴或微量化学污染物的存在都可能会严重损坏燃料电池，降低其效率和耐用性。因此，质子交换膜燃料电池系统需要使用无油压缩机或空气过滤器来去除颗粒物和污染物（硫、盐、CO 和碳氢化合物）。

几种类型的鼓风机或空压机都可能适用于燃料电池。图 4-7 所示为空气压缩机的基本分类，区分了两种主要类别（动态式和容积式）及其包含的不同类型（作为容积式装置的往复式和旋转式，以及作为动态式装置的离心式和轴向式）。

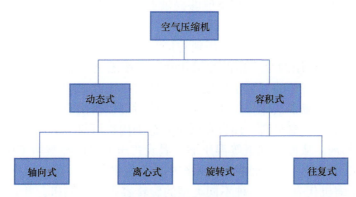

图 4-7　空气压缩机的基本分类

在车用功率范围内，动态式压缩机中的离心式压缩机比轴向式压缩机更高效，而且更便宜。用于小中型燃料电池系统的空气供给的电动压缩机 / 鼓风机是基于一个离心式叶轮。在侧通道鼓风机中，来自电机的能量传递给空气，使得空气在径向和轴向得到加速。流体被迫进入侧通道，压力和动能增加。因此，空气再次被加速并沿螺旋路径通过叶轮和侧通道，直到排出。平衡旋转叶轮是压缩机独特的运动部件。这种装置的优点是叶轮和壳体之间没有接触，消解了磨损现象和材料消耗，从而提高了其可靠性和耐用性。最后，侧通道鼓风机无油并具有较低的噪声。用于燃料电池的侧通道鼓风机如图 4-8 所示。

鼓风机虽然工作在有限的压力范围内，但它们能够满足在低压（低于 0.5bar）下运行的电堆输入需求。

高速离心式空气压缩机是适用于最大功率为 100kW 的燃料电池系统的最佳选择。其工作原理与离心式鼓风机相同，通过旋转叶轮实现向空气的能量传递，由叶轮旋转产生的角动量来获得压力，其速度越高，能达到的效率就越高。离心式空气压缩机是一款无油压缩机。油润滑的传动装置通过轴封和大气通风口与空气分离。基于动态式空气压缩机的高压空气管理系统已经成功得到开发并应用于 80kW 燃料电池系统。它有一个压缩机膨胀器模块，由轴向 / 径向液冷式压缩机与可变喷嘴径流式涡轮机连接构成。

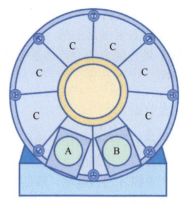

图 4-8　用于燃料电池的侧通道鼓风机

A—进气口　B—排气口　C—侧通道

容积式压缩机在低燃料电池负载下能够提供更灵活的压缩比，此外，旋转式压缩机相比于往复式压缩机具有流量波动较小的优点。

在旋转容积式压缩机中，近来较常用到的是涡旋式压缩机和螺杆式压缩机。

1）涡旋式压缩机使用两个交错的螺旋状叶片来压缩空气流。通常其中一个叶片是固定的，而另一个叶片是移动的且无摩擦地偏心旋转着。由此形成的几个空腔，沿着两个螺旋杆的中心移动，从而减小其体积；压力增加，然后可以排出空气。这种机器在运行期间比其他设备的噪声更小，更平滑，而且在低排量范围内很可靠。涡旋式压缩机中的水可以用作润滑剂和冷却剂，从而实现近等温压缩。涡旋式压缩机已经被用于压缩机/膨胀器模块的原型开发，以用于设计加压燃料电池系统中的空气供应。

2）螺杆式压缩机代表了另一种不同类型的旋转容积式压缩机，并且在过去的几十年中大量地用于工业应用，特别是用于空调和制冷系统。它们的性能在效率、紧凑性、简捷性和可靠性方面都十分优秀。螺杆式压缩机基本上由一对啮合的螺旋叶片转子组成，叶片转子在完全包围它们的固定外壳内旋转。随着机构的旋转，两个螺旋转子不断啮合和旋转，产生一系列体积减小的空腔来吸收并压缩空气。流体在空腔体积减小后从出口排出。这些压缩机的容量控制是通过改变转速或压缩机排量来实现的。

根据最终的理想压力要求，螺杆式压缩机可以是单级的或多级的。在多级式压缩机中，空气被多组旋转螺杆压缩，最终压力值可以高于 0.5bar（相当于 50kPa）。

最近，为了优化螺杆式压缩机的性能，使其能够作为辅助组件用于燃料电池系统中给阴极供气，研发了一种配有注水设备的双螺杆装置。利用水作为冷却和密封介质，一方面，可以控制工作温度和空气泄漏，限制功耗，从而优化压缩机效率；另一方面，由注水引起的额外功耗略微降低了总体功耗。

4.3.2　压力传感器

在燃料电池发动机上，热管理系统、空气和氢气供应系统都有用到压力传感器，但是由于工作环境的不同，具体要求侧重点稍有不同。目前车用的压力传感器主要有陶瓷压敏电容和扩散硅压敏电阻两类。

压力传感器用在出堆位置，工作在潮湿微酸性的环境中，需要耐腐蚀。在冷起动过程中，液态水凝冰会导致压力传感器失效，这是个难点。压力传感器用在进堆位置，在空气路压力闭环中作为控制量使用，要求有比较高的精度、较短的响应时间。

一般不使用出堆压力作为压力闭环的控制量，是因为出堆位置环境较恶劣，压力传感器的可靠性不如进堆压力传感器。

（1）陶瓷压敏电容

其原理如下：陶瓷电容技术采用固定式陶瓷基座电极和可动陶瓷膜片电极结构，可动膜片通过玻璃浆料等方式与基座密封固定在一起；两者之间内侧印刷电极图形，从而形成一个可变电容，当膜片上所承受的介质压力变化时两者之间的电容量随之发生变化，通过调理芯片将该信号进行转换调理后输出给后级使用。陶瓷电容技术具有成本适中、量程范围宽、温度特性好、一致性、长期稳定性好等优势。

其特点如下：①测量范围取决于陶瓷膜片的厚度；②属于干式传感器（介电物质），温度影响小，不需要温度补偿。

（2）扩散硅压敏电阻

其原理如下：单晶硅在受到外力作用产生极微小应变时（一般为400微应变即0.04%），其内部原子结构的电子能级状态会发生变化，从而导致其电阻率剧烈变化（G因子突变）；被测介质的压力直接作用于传感器的不锈钢膜片，使膜片产生与介质压力成正比的微位移，使内部封装的单晶硅的电阻值发生变化，利用电子线路检测这一变化，并转换输出一个对应于这一压力的标准测量信号。

其特点如下：

1）适合制作小量程的传感器。硅芯片的这种力敏电阻的压阻效应在零点附近的低量程段无死区，制作压力传感器的量程可小到几千帕。

2）输出灵敏度高。硅应变电阻的灵敏因子比金属应变计高50～100倍，故相应的传感器的灵敏度就很高，一般量程输出为100mV左右。因此对接口电路无特殊要求，使用比较方便。

3）精度高。由于传感器的感受、敏感转换和检测3部分由同一个元件实现，没有中间转换环节，因此重复性和迟滞误差较小。由于单晶硅本身刚度很大，变形很小，故保证了良好的线性。

4）可靠性高。由于工作单性形变低至微应变数量级，弹性芯片最大位移在亚微米数量级，因而无磨损，无疲劳，无老化，寿命长达1×10^{3}压力循环，性能稳定，可靠性高。但是，由于膜片很薄，膜片最大位移小，如果外力碰撞致使超量程，会造成零点漂移或者损坏。

5）温度补偿。扩散硅有一定的温度特性，没有温度补偿，测量误差可能会比较大。

（3）压力传感器相关术语

1）测量范围：在允许误差限内被测量值的范围称为测量范围。

2）上限值：测量范围的最高值称为测量范围的上限值。

3）下限值：测量范围的最低值称为测量范围的下限值。

4）量程：测量范围的上限值和下限值的代数差就是量程。

5）准确度：被测量的测量结果与真值间的一致程度。

6）重复性：相同测量条件下，对同一被测量进行连续多次测量所得结果之间的一致性。

7）蠕变：当被测量及其所有环境条件保持恒定时，在规定时间内输出量的变化。

8）迟滞：在规定的范围内，当被测量值增加或减少时，输出中出现的最大差值。

9）激励：为使传感器正常工作而施加的外部能量，一般是电压或电流。施加的电压或电流不同，传感器的输出值等参数也不同，所以有的参数，如零点输出，以及上限值输出、漂移等参数要在规定的激励条件下测量。

10）零点漂移：零点漂移是指在规定的时间间隔及标准条件下，零点输出值的变化。由于周围温度变化引起的零点漂移称为热零点漂移。

11）过载：通常是指能够加在传感器/变送器上不致引起性能永久性变化的被测量的最大值。

12）稳定性：传感器/变送器在规定的条件下储存、试验或使用，经历规定的时间后，仍能保持原来特性参数的能力。

13）可靠性：指传感器/变送器在规定的条件下和规定的时间内完成所需功能的能力。

4.3.3 加湿模块

氢燃料电池堆在反应过程中，质子交换膜需要处于水饱和状态来保持较高的反应效率和导电性，因此反应介质需要通过增湿器来携带一定量的水蒸气进入电堆。增湿器也被称为燃料电池的"肺泡"，由特种材料制成的膜管内外形成独立的干湿通道，通过回收电堆中的水分和热量，使其在膜管内外两侧进行湿热交换，达到电堆所需的温度和湿度。在燃料电池系统的构成中，增湿器只占整体成本的 5% 左右，但是作为燃料电池系统中进气加湿的关键零部件，实现增湿器国产化将是我国实现燃料电池降本的重要一环。

博纯 FC 系列增湿器是燃料电池应用的行业标准，如图 4-9 所示，具有较高的性能和可靠性。该产品设计配备 Nafion 管，旨在满足燃料电池应用的严格要求，能在指定流量范围内稳定地、可重复地加湿空气和氢气，适用于便携式、固定式、汽车和航空航天等应用场景。博纯燃料电池增湿器的压降低，工作时不需要电源，大大降低了系统的附加载荷。该产品还广泛应用于科研和工业领域，其优点包括：①效率非常高；②无能耗；③无冻结/解冻问题；④自加湿；⑤紧凑坚固；⑥气-气或水-气加湿；⑦适用于氢气加湿。

伴随着国内燃料电池汽车市场的快速放量，增湿器原有的市场格局正在被逐渐改写，国产增湿器领域新兴势力正在趁势崛起，尤其是头部企业伊腾迪，出货猛增、新品不断。伊腾迪公司是国内第一家开启燃料电池增湿器国产化的企业。2017 年，在科技部项目的支持下，研究开发出第一代增湿器产品，打破了国外产品对中国市场十多年的

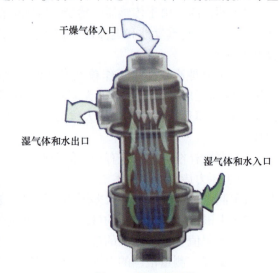

干燥气体入口

湿气体和水出口

湿气体和水入口

图 4-9　博纯增湿器

垄断。凭借优异的产品性能和良好的服务，伊腾迪产品已得到行业的高度认可，广泛应用于交通物流、发电设备、船舶、飞机等燃料电池应用场景，2022 年国内市场占有率已高达70%。一直以来，为了给行业和客户提供更加优质的产品，公司高度重视技术研发，产品性能不断提高，成本不断下降。其研发团队最近在增湿器关键部件——中空纤维膜管的开发方面取得重要突破，通过优化配方及改进工艺，膜管增湿性能及内漏两大关键技术指标与第二代膜管相比得到了大幅度提升，达到了行业领先水平。同时，膜管在机械强度、耐压、耐温、耐水解等方面也得到了大幅度的提升。采用新型中空纤维膜管开发的第三代增湿器，增湿性能比第二代增湿器提升了 20%，同时，70kPa 测试压力下，5kW 增湿器的内漏低于 1.0L/min，比第二代产品降低了一个数量级，解决了中空纤维膜管增湿器长期存在的内漏较大的技术难题。

4.4　水 / 热管理子系统

水管理的核心任务是使膜电极中具有合理的含水量，以保证氢离子能够良好地在膜中传导。如果质子交换膜内的含水量较少，便会导致质子传导受阻，造成欧姆极化过电位增大，极易引发膜干涸现象；但是电堆内的水又不能过多，否则又容易造成阴极淹没，导致反应气的传输受阻，增加了电堆的活化极化过电位与浓差极化过电位。

热管理的核心任务是将燃料电池的工作温度控制在安全合理的范围。如果工作温度过低，电堆的活化极化损失会增强，导致电堆的性能变差；如果工作温度过高，又容易导致膜水干，使欧姆极化损失加大，导致电堆性能下降。

4.4.1　水 / 热管理系统的设计原理

温度控制系统的设计对质子交换膜燃料电池系统的性能和动态特性都有很大的影响。由于在聚合物电解质燃料电池中发生的氢的电化学转化的不可逆性，该过程会产生作为副产物的热量。这种热量升高了膜电极（MEA）内部反应位置的温度，并且通过双极板的热传导和反应物供给通道内的对流流动逐渐升高整个电堆的温度。在电堆运行过程中，单体电池电压在整个电流密度范围内下降到可逆值以下，根据欧姆定律，以下等式可以用于计算电堆内产生的热功率：

$$\dot{Q} = (V_{id} - V)I \tag{4-8}$$

式中，$\dot{Q}$ 为产生热量的速率；I 为流过电池的电流；V_{id} 和 V 分别为可逆的和实际的电池电压值。

与产生的功率相关的温度变化速率由以下微分方程导出：

$$\partial T / \partial t = \frac{\dot{Q}}{mc_p} \tag{4-9}$$

式中，$\partial T / \partial t$（时间导数）为温度变化率；m 为整个电堆质量；c_p 为电堆的平均比热。

热管理子系统的设计问题取决于产生的总热量，并且在很大程度上取决于电堆尺寸。冷却剂的质量流量（通常为去离子水）可以通过定义由以下等式描述的热容量导出：

$$\dot{m}_{H_2O} = \frac{\dot{Q}}{c_p(T_f - T_i)} \tag{4-10}$$

式中，$\dot{Q}$ 为产生热量的速率；c_p 为水的比热；$T_f - T_i$ 为电堆出口（T_f）和入口（T_i）处冷却液的温度差，$T_f - T_i$ 最好不高于 5K。

图 4-10 展示了用于汽车的燃料电池系统的一种冷却循环方案。其主要部件是液体循环泵、散热器和带风扇的热交换器。对于功率较小的电堆（100 ~ 500W），可以直接使用风扇对电堆进行冷却；而对于功率较大的电堆，如适用于汽车要求的（1 ~ 100kW），最好使用液体冷却剂（例如去离子水或乙二醇 – 水混合物）在内部形成冷却回路，这相对于气体冷却将提高一个数量级的除热能力。

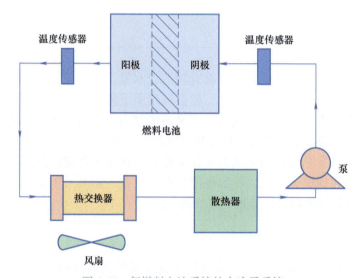

图 4-10　氢燃料电池系统的水冷子系统

燃料电池系统热管理中要考虑的不仅是电堆的冷却，还有热回收的可能性。在这方面必须使用额外的装置，例如空气热交换器、增湿器或冷凝器。它们利用部分阴极出口排气和冷却剂的焓，特别是热交换器中的焓，可以利用阴极出口处的湿热气流（饱和状态下为与电堆温度近似相同的气态混合物）的焓值来预热电堆入口气流。这些部件主要负责传递热量，但也允许交换水分。它们非常紧凑，可以实现高能量传输效率。它由一个有较大表面积的透气材料（聚合物、铝或合成纤维）制成的圆筒构成，这是显热传递所必需的。实现交换的驱动力是相对气流之间的热梯度。

焓交换通过使用典型的吸附剂材料如硅胶、沸石或其他分子筛来完成，这些材料通过相对空气流内的水蒸气分压差来传递水分子。带有该组件的燃料电池系统的运行需要特定的、能够根据过程变量动态控制转速的方法。

聚合物质子交换膜需要保持适当的湿度，以保证电堆运行期间有足够的离子电导率。事实上，质子交换膜燃料电池中交换膜使用的全氟磺酸（Nafion）材料的质子传导性和其含水量之间存在很大的关系。然而由于涉及膜电极内部水分的复杂现象（图 4-11），阴极产生的水和空气中的水分子并不足以使交换膜在所有的工作条件下保持一个合适的湿度。

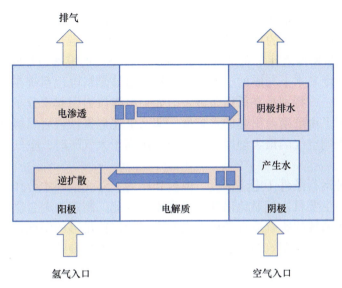

图 4-11　质子交换膜燃料电池中膜电极内的水活动

图 4-11 提到了膜电极内部发生的一种水活动，进入膜电极的气体有死端模式下的纯氢气和不饱和的空气。以下 4 个事实已经被证明：

1）水在阴极表面生成（$O_2 + 2H^+ + 2e^- \rightarrow H_2O$）。

2）由于浓度梯度，水通过电解质从阴极到阳极逆向扩散。

3）在电堆功率需求期间，H_2O 分子被质子拖曳（电渗透）。

4）阴极中的水分子被连续不断流入的不饱和空气排出；类似的情况在阳极的氢气循环模式或死端模式下的排气过程中也会出现，但是程度较小。

由于水合质子的拉力，电渗拉力可以通过将水从阳极转移到阴极来限制逆扩散机制的影响，并且与电流密度呈线性关系。

最后，反应物流特别是空气流的除水能力会从电池模块中吸出一部分水。吸出水的数量在高温条件下会变得非常显著，并超过电化学反应产生的水。发生这种情况是因为蒸发速率和水的饱和蒸气压与温度呈非线性关系。

表 4-1 展示了质子交换膜燃料电池在大气压力的应用范围内，水蒸气的饱和压力及相关的最大湿度比与温度的关系。湿度参数定义为饱和空气中的水蒸气质量与干空气质量之比。

表 4-1　温度对饱和空气参数的影响（$p = 0.1\text{MPa}$）

温度 /℃	水蒸气饱和压力 /kPa	最大湿度比 （$g_{H_2O}/g_{干空气}$）	温度 /℃	水蒸气饱和压力 /kPa	最大湿度比 （$g_{H_2O}/g_{干空气}$）
0	0.6	3.8	50	12	78
10	1.2	7.5	60	20	120
20	2.3	15	70	31	190
30	4.3	27	80	47	270
40	7.4	49			

在高温条件下，空气流可能含有大量的水蒸气，从而持续地保持电极表面强大的吸水性，因为整条阴极进气通道的相对湿度值（RH，定义为相同温度下实际水蒸气的质量密度与饱和水蒸气的质量密度之比）总是远低于100%。湿空气的温度通常低于电极的局部表面温度，因此蒸发速度基本上与膜的干燥速度一致，这是燃料电池系统在理想条件下运行所面临的主要问题之一，特别是在低压条件下。如果电渗拉力引起水分子从阳极到阴极的迁移，仅仅部分平衡了由浓度差引起的水扩散，那么上述危害性就可以得到证明。工作压力会在很大程度上影响空气的最大湿度，因为当气压高于大气压时，空气达到饱和所需的含水量就减小了。

上述关于几种运行条件（电流密度、温度和压力）对交换膜水合作用的影响的考虑证明了水管理策略的主要目标是避免出现干燥现象。因此，制定一个合适的管理策略，以保证在车用燃料电池系统的所有运行条件下交换膜都能保持足够的湿度是必不可少的。向反应物气流中加入水是一种有效的方法，因为通过控制进入电堆的氢气和空气的湿度确实能够限制干燥现象。

但是另外一个重要的复杂情况是电解质内部和催化电极湿度分布不均匀，以及由于燃料电池组件内积水过多而可能发生的初期溢流现象，这可能会影响反应物进入催化电极的活性位置，是十分危险的。这种现象在没有外部增湿的情况下也可能出现，因为进入电池模块的干空气会逐渐增湿，并在末端产生局部溢流现象。

应该通过对整个燃料电池系统的管理来避免溢流现象，但是如果溢流现象真的发生，就必须在氢气供应管理程序或空气流量控制方面迅速采取行动，以排出阳极和阴极内过量的水。氢气供给回路中的排气阀应该以不同的频率或延迟打开，同时空气流量也应该能够改变，以修改化学计量比。此外，对干燥和溢水现象的精细控制不仅会影响电堆的设计（膜电极和流场渠道），还会影响集成燃料电池系统的布局，因为增湿包含对燃料电池整体效率有影响的辅助组件。

增湿可以分为内部增湿和外部增湿。内增湿意味着增湿过程只涉及燃料电池堆的内部空间，而外增湿涉及电堆外进气气流湿度比的改变。

最简单的内增湿方法是"自增湿"，其原理是让交换膜中的小部分水保留在聚合物材料内部，并且让电堆运行过程中反应产生的水被电解质充分吸收。该方法不需要外部增湿器，通过控制膜的增湿可以影响内部运行参数，而且增湿管理仅通过电解质利用输送机制。自增湿受到交换膜扩散特性的限制。在膜电极温度较高的条件下（>90℃），水的逆扩散速率成为主要限制因素，因为反应物气体的吸水量随着温度的增加而增加，而由电渗拉力引起的水的转移随着电流密度增加。因为交换膜限制了逆扩散速率，所以电渗拉力引起的水的转移成为主要因素。水从阳极被运走，因此阳极将变干，而阴极将会发生溢流。因此，温度和电堆功率是自增湿条件下维持交换膜湿度的关键参数。

膜的水合作用也与空气流动管理有关。在高于60℃的温度条件下，出口空气的相对湿度经常低于饱和度（100%）。通过控制参数 R，可以使阴极的出口气流的相对湿度（RH）接近100%，从而控制膜的水合作用。小型的燃料电池系统（<3kW）在采用适当的工作温度时（<60℃），可以依靠自增湿运行，并且能在预定义的循环驾驶期间提供足够的电堆功率。此时其最大功率下降约40%，但效率仍然很高。

另一种内增湿技术叫作"内部膜增湿"，直接在电堆内部使用专门设计的用来接收

"水滴喷雾"的喷水器。交换膜的一部分是专门用来增湿入口处的气体的，喷水器就直接将液态水喷到电堆的这一部分。由于引进了一个可控的附加参数，水管理就更加灵活了。内增湿通常会降低燃料电池系统设计的复杂性，而且还有另一个重要的优点：由于气体是在堆内进行调节，其温度与膜的温度非常接近，就避免了气体快速蒸发和脱水。然而，一部分膜并不用于反应，因此膜的湿度增加会使功率密度降低。

在高温条件下一般要用外增湿，因为如果空气和氢气都在外增湿，单体电池膜中水的浓度梯度将更均匀。外部供水有助于平衡水的电渗拉力和扩散的组合效应，从而保持膜的性能。外增湿在 60℃ 以下也是有用的——至少对于中大型燃料电池系统来说。

还有一种可能的增湿方法是在不同温度下对即将进入电堆的反应物进行增湿。这种方法可以通过外部露点、外部蒸发、下游冷凝器蒸汽喷射和闪蒸等步骤来完成。较高的温度能使气流吸收更多的水，然后将其运输到电堆内，以补偿由于内部快速蒸发导致的水分损失。然而，外增湿的主要问题是气体在经过增湿器装置后会冷却，多余的水会冷凝并以液滴形式进入燃料电池，这会使入口处的电极溢流，阻碍反应气流的流动。"内部液体喷射"方法对于蒸汽喷射方法来说更有优越性，因为蒸汽喷射需要大量的能量来产生蒸汽。

大部分的增湿设备都用于空气增湿，但有时也用于氢气增湿，这些都是通过起泡器、水蒸发器、焓轮、膜或泵向混合器直接向阴极收集器的第一部分注入液态水。对于氢气的增湿，普遍使用膜增湿器或注射泵。

在起泡器中，气体直接通过外部装在瓶中的液体，但是在所有运行条件下很难控制相对湿度。此外，在进入电堆之前冷却的湿气流可形成对电池性能维护十分不利的小液滴。

反应气体的增湿可以通过膜增湿器来实现。湿气流中的水分可以穿过半透膜转移到干气流中（图 4-12）。该膜将干气流流过的区间与另一个液态水或湿气流流过的区间分开。理论上，干气流在经过整个膜的表面时均可增加其水蒸气含量，从入口处到装置出口处的干气流接近饱和状态。该设计包含管状增湿器和用来优化水蒸气交换的对流。这种装置相比于起泡器增湿和喷水器增湿更适合燃料电池系统的管理，因为后者需要一个额外的设备，增加了系统的复杂度和额外的功率消耗。质子交换膜燃料电池的膜使用的基本材料（Nafion）也可用于增湿器装置中的膜的制造。

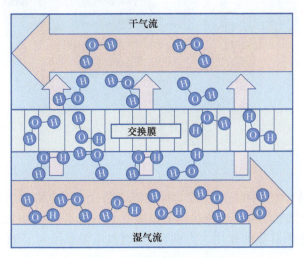

图 4-12　膜增湿的基本原理

在过去的十年里，一些公司发明了将增湿和冷却相结合的新的解决方案，并获得了专利。普拉格能源公司（Plug Power）设计了一种新型冷却增湿器，增湿器包括一块平板，平板的一侧有能够带走热量的水流，另一侧有能够为反应物气体增湿的棉芯。增湿侧的水蒸发能够提供额外的冷却效果。

还有人试图通过使用多孔石墨板或连接到膜上的外部棉芯，通过毛细作用来排出或供应水。更可靠的水管理形式是基于连续流场设计和适当的运行条件的。可以在流场的入口和出口之间设置一个温差，以增加气流携带水蒸气的能力。最新的研究都旨在开发一种能够提高膜性能的新型材料。一种新的方法提到了多层复合聚合物电解质，其中增湿层含有 Pt 催化剂颗粒。

另一种广泛使用的方法是蒸发注入气流中的液态水。雾化喷嘴可以用来向氢气和空气流中注入水。气流中的水蒸发所需的潜热会导致气体温度降低，因此在注水室周围就需要一个加热器。此外，配有加热器的长管也可用来充分蒸发水分，避免水蒸气冷凝。在这种情况下，湿度控制可能会很困难，并且瞬态响应也会很低，这就限制了这种解决方案的实际应用。

4.4.2　水 / 热管理系统的主要部件

一个典型的燃料电池冷却液循环回路主要包含：水泵、节温器、去离子器、中冷器、PTC 发热体、散热器、冷却管路。

水泵（图 4-13）相当于燃料电池水 / 热管理系统的"心脏"，它通过控制管路中冷却液的流速进而控制散热强度。为了保证电堆产生的热量能够快速有效地散发出去，水泵需要具备大流量、高扬程、绝缘以及电磁兼容（EMC）表现好的特点。

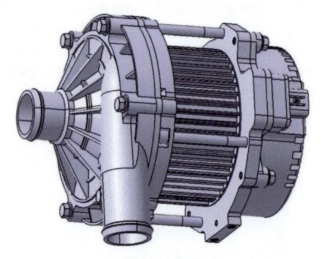

图 4-13　水泵

节温器（图 4-14）的作用是改变冷却液的流通路径，当电堆冷启动温度低时控制冷却液不流经散热器，确保电堆温度迅速达到工作温度（小循环），当电堆温度过高时控制冷却液流经散热器进而达到散热的作用（大循环）。燃料电池系统对节温器的要求是响应速度快、内部泄漏量低。

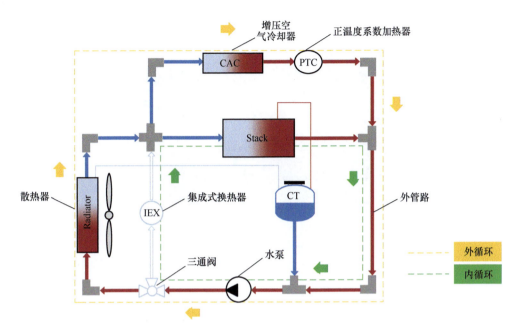

图 4-14　节温器

去离子器（图 4-15）应用在燃料电池发动机的冷却系统中，主要用于去除冷却液中的导电离子。在燃料电池运行中，双极板上会产生高电压，但同时要求此高电压不会通过双极板中间的冷却液传递到整个冷却循环流道，因此要求冷却液不能够导电。去离子器的活性物质是树脂，存放在避免高温、暴晒的普通环境下。树脂的有效期很长，通常都在 3 ~ 5 年甚至更长。

燃料电池系统内部的水平衡至少需要在电堆出口处放置一个中冷器（图 4-16）。这个装置具有两个作用：一是可以将阴极出口的湿热气流（氮气、氧气和水蒸气的混合物，可能存在小水滴）中的大部分水冷凝以便在增湿装置中循环使用；二是转移或回收阴极气流一部分有用的热能。中冷器也可以少量地回收阳极中过

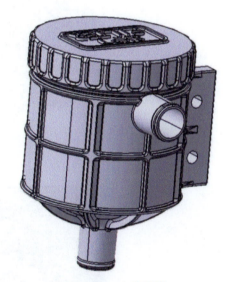

图 4-15　去离子器

量的水分。所以，中冷器的作用是保持车辆的续驶能力，并配合其他系统使效率最大化。中冷器的特点是热交换量大、清洁度要求高及离子释放率低。

PTC 发热体（图 4-17）又叫 PTC 加热器，由 PTC 陶瓷发热元件与铝管组成。PTC 发热体有热阻小、换热效率高的优点，是一种自动恒温、省电的电加热器。

散热器（图 4-18）的作用是将冷却液的热量传递给环境，降低冷却液的温度。散热器要求散热量较大、清洁度要求高、离子释放率低。散热风扇要求风量大、噪声低、无级调速并需要反馈相应的运行状态。

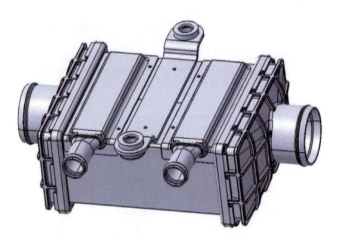

图 4-16　中冷器

图 4-17　PTC 发热体

图 4-18　散热器

第 5 章　燃料电池水管理

质子交换膜燃料电池（Proton Exchange Membrane Fuel Cell，PEMFC）作为最重要的车用燃料电池，现阶段其可靠性、耐久性、经济性、低温环境适应性等核心性能仍显不足。因此，在保证可靠性和耐久性的同时，尽可能提高 PEMFC 功率密度是当前发展氢燃料电池汽车的重中之重。日本和欧盟提出燃料电池体积功率密度在 2030 年之前要达到 6kW/L，2060 年之前达到 9kW/L。而提高 PEMFC 功率密度，意味着要全面加快电池内部"气 – 电 – 水 – 热"的传递，其中，水气两相流动几乎存在于 PEMFC 的所有构成部分，是影响燃料电池工作性能的关键所在，也一直是国内外研究的热点。燃料电池在反应过程中会生成水，同时为了获得较高的电池性能，通常在运行过程中又需要对反应气体加湿，使燃料电池膜电极保持较高的含水量。然而，若电池中过量的水不能及时排出，在电池内不断地累积将会产生"水淹"现象，堵塞气体扩散层和流道，影响气体传输和分配，限制反应气体与催化剂层的接触反应，从而大大影响电池的性能。由于电渗拖曳作用，水是从膜的阳极一端不断地向阴极一端传输，即不断地有水从气体扩散层往双极板传输，随着反应产物水和电渗拖曳水的不断产生，凝结的液态水不断积累，如果 PEMFC 内不能保持良好的水气两相流动特性，则燃料电池的工作效率、工作可靠性以及电化学特性等性能将会受到极大影响。因此，探索如何通过燃料电池调控水气两相流动特性以及提升电化学特性成为燃料电池多相流水气传质研究关注的焦点。

质子交换膜燃料电池在反应工作过程中其内部是一个复杂的体系，其中水气两相流动特性及其调控技术是燃料电池研究中非常重要且极具挑战性的系统问题。PEMFC 中反应气体的分布决定着电流的分布，若气体分布不均匀，则影响电流密度分布均匀性，甚至引起局部缺气而不能产生电流，严重时会引起反极，导致电池性能衰减、催化剂降解，对电池造成不可逆转的伤害。因此，反应气体的分布是决定电池性能的关键因素。而水管理对PEMFC 的性能影响则更为直接且重要：PEMFC 中水从流道进入电池，生成水再经扩散层传输到流道，并最终通过流道排出；同时，液态水在扩散和电渗透作用下通过质子交换在阴阳两极相互传输，可见 PEMFC 中液态水流动的复杂性。全氟磺酸膜作为目前应用最为广泛的质子交换膜材料，其质子电导率与含水量关系十分密切。氢气经催化作用后分离出来的氢离子在质子交换膜内的传输，需要与水分子结合形成水合氢离子，单独的氢离子是无法在质子交换膜中传输的，这就要求质子交换膜具有一定的含水量。充分的水合状态能保证较高的质子电导率，而高质子电导率对于燃料电池而言，意味着高性能、长寿命以及高效率。同时，水也是 PEMFC 电化学反应的生成物，随着燃料电池技术的发展，工作电流密度逐渐升高，液态水生成量也显著提高。然而，过多的液态水会占据多孔电极内孔隙，因为仅有与膜结合的水才有利于质子电导率的提高；由于电化学反应生成水在阴极端，而电渗拖曳作用又将更多的水从阳极带至阴极，从而导致电池内的水分布非常不均匀。阳极缺水，而阴极则易发生"水淹"，堵塞气体扩散层微孔结构和流道，降低反应物的扩散传输速率，造成催化剂附近的反应物不足，进而降低反应效率，严重影响电池性能。另外，液态水聚集会引起流道压降增加，导致流动分布不均和泵送功率增加。这些过程造成了 PEMFC 内水分布的复杂性，因此在 PEMFC 的研发过程中，既需要保持一定的水合度以提高质子电导率，同时也必须使多余的生成水能够及时排出，保证高的电化学反应速率和水气高效传输。

质子交换膜表面结构、流场形式、流道局部结构、壁面润湿性、气体扩散层表面微孔形态等对于燃料电池水传输状态均有重要的影响。对于质子交换膜，膜的高质子电导率是 PEMFC 高输出性能的必要条件。膜材料的质子电导率取决于膜的水合度和膜表面结构，而质子传输也会影响水分布（如电渗拖曳效应）。对于气体扩散层，它是水排出和气体输送的两相通道，其多孔分布、孔隙大小以及亲/疏水性对水气的传输具有重要的影响。对于流道，由于燃料电池一般在最大功率密度附近运行，液态水生成速度较快，流道作为水去除的最后通道，其排水更是面临严峻的挑战。

5.1 PEMFC 气液两相流动实验测量

5.1.1 PEMFC 气液两相流动可视化实验

在质子交换膜燃料电池（PEMFC）的研究与发展中，水管理是一个至关重要的环节，它对 PEMFC 的性能有着深远的影响。这是因为在 PEMFC 的运行过程中，水的存在形式和输运情况直接关系到电池的多个关键性能指标。例如，水在气体扩散层、催化剂层以及流道中的含量和分布会影响气体的扩散效率，如果水在这些部位积聚过多，会阻塞气体通道，阻碍氧气和氢气等反应气体顺利到达催化剂层，从而降低电化学反应的速率，进而影响电池的输出功率。此外，水在质子交换膜中的状态也十分关键，合适的含水量能保证质子的高效传导，而水的不足或过量都会破坏质子交换膜的性能，影响电池的整体性能和寿命。

正是由于水管理在 PEMFC 中的关键作用，可视化观测水气输运这一技术应运而生，并在该领域获得了广泛的应用。可视化观测为研究人员深入了解 PEMFC 内部水气输运过程提供了直观的视角，成为研究 PEMFC 水管理问题不可或缺的工具。可视化观测主要包括光学透视、中子成像、磁共振、X 射线等技术手段，每一种技术都有其独特的原理和优势，从不同的角度为研究人员揭示 PEMFC 内部水气输运的奥秘。

其中，光学透视方法作为最直接有效的可视化技术，在 PEMFC 水管理研究中占据着重要地位。这种方法能够直接观测 PEMFC 内部水的动态运动过程及液泛现象，为水的动态特性研究提供了极为关键的信息。通过光学透视技术，研究人员可以清晰地看到水在 PEMFC 内部各个部件中的流动路径、速度以及形态变化。例如，在气体扩散层中，能够观察到水是以液滴形式还是液膜形式存在，以及它们是如何在孔隙中移动和积聚的；在流道中，可以看到水在不同形状和尺寸的流道中的流动模式，是平稳的层流还是复杂的湍流，以及水与气体之间的相互作用情况。

　　液泛现象是 PEMFC 水管理中一个需要重点关注的问题，而光学透视方法在研究液泛现象方面具有独特的优势。液泛现象通常是由于液态水在电池内部积聚过多，超出了正常的排水能力，导致液态水在气体扩散层、流道等部位大量积聚，甚至淹没了催化剂层，严重阻碍了气体的扩散和电化学反应的进行。通过光学透视技术，研究人员可以实时监测液泛现象的发生和发展过程。例如，观察到液泛现象是从哪个部位开始出现的，是在流道的入口处、中部还是出口处，以及液泛现象随着时间的推移是如何在电池内部蔓延的。这些观察结果对于理解液泛现象的形成机制和寻找有效的解决方法具有重要意义。

　　图 5-1 展示了用于光学透视可视化观测的透明燃料电池。这种透明燃料电池是专门为了满足光学透视观测需求而设计的。它的设计和制造涉及多个方面的考虑。首先，在材料的选择上，要确保各个部件在保证原有功能的基础上具有良好的透明度。对于质子交换膜，需要选用特殊的透明材料或者对传统的质子交换膜材料进行改性处理，使其在保证质子传导性能的同时能够透过光线，便于观察水在膜内的行为。气体扩散层的材料也要进行精心挑选，既要保证其孔隙结构和透气性等基本性能，又要具有足够的透明度，使得水在其中的流动能够被清晰地观测到。双极板同样需要使用透明导电材料，以保证在不影响电池电性能的前提下实现可视化观测。

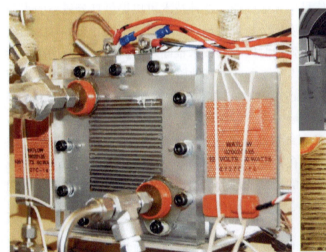

图 5-1　透明燃料电池

　　在透明燃料电池的结构设计方面，也需要遵循一定的原则。流道的设计要考虑到光线的传播和水的流动情况。其中，流道的形状和尺寸要保证水在流道中的流动状态能够被准确观测，避免因流道结构过于复杂或不合理而导致观测盲区。同时，流道的透明度要高，不能因为流道壁面的材料或涂层而影响光学透视效果。此外，整个燃料电池的组装工艺也要确保各个部件之间紧密连接且不影响透明度。密封材料的选择和使用要谨慎，既要保证良好的密封性能，防止气体和液体泄漏，又不能在密封部位产生遮挡光线的情况。

光学透视可视化观测透明燃料电池的应用为 PEMFC 水管理研究带来了许多有价值的成果。通过对透明燃料电池内部水的动态运动过程的观测，研究人员可以更深入地理解不同运行条件下水气输运的规律。例如，改变电池的工作温度、气体流量、压力等参数，观察水在电池内部的响应情况。在不同温度下，水的相变情况会发生变化，通过光学透视可以清晰地看到在低温下液态水是如何结冰的，以及冰在电池内部的分布对气体扩散和质子传导的影响；在高温下，水的蒸发速率加快，观察水蒸气在电池内部的扩散路径和浓度分布变化。改变气体流量时，可以看到气体对水的携带和推动作用是如何变化的，以及水在不同气体流量下的积聚和排出情况。这些研究结果为优化 PEMFC 的运行条件提供了重要依据。

除了光学透视方法，中子成像技术在可视化观测水气输运方面也有其独特之处。中子成像利用中子与物质相互作用的特性，能够穿透 PEMFC 的金属部件等对 X 射线不透明的材料，对电池内部的水分布进行成像。由于水对中子有较强的散射作用，通过中子成像可以清晰地显示出 PEMFC 内部不同区域的含水量和分布情况，尤其是在一些传统光学方法难以观测到的部位，如被金属双极板遮挡的区域。这种技术对于研究整个 PEMFC 内部水的宏观分布具有重要意义，可以帮助研究人员全面了解水在电池中的积聚和传输情况，发现潜在的水管理问题。

磁共振技术也是一种重要的可视化观测手段。磁共振成像基于原子核在磁场中的共振现象，通过检测水分子中氢原子核的信号来生成图像。这种技术可以提供高分辨率的水分布图像，并且能够对水的状态进行一定程度的分析。例如，可以区分不同相态的水，如液态水和结合水等，还可以通过信号强度和弛豫时间等参数来推断水的流动性和与周围环境的相互作用情况。在 PEMFC 研究中，磁共振技术可以帮助研究人员深入了解质子交换膜内水的微观结构和动态变化，为优化质子交换膜的性能提供有价值的信息。

X 射线技术同样在可视化观测水气输运中发挥着作用。X 射线成像利用 X 射线在穿透物体时的衰减特性，根据不同物质对 X 射线吸收程度的差异来生成图像。对于 PEMFC 中的水，X 射线可以通过检测水与周围部件在密度上的差异来显示水的位置和形态。X 射线技术的优势在于它可以在不破坏电池结构的情况下进行快速成像，并且可以与其他技术相结合，如与计算机断层扫描（CT）技术结合，可以获得三维的水分布图像，为研究人员提供更全面的信息。

综上所述，由于水管理对 PEMFC 性能有着重要影响，可视化观测水气输运的多种技术手段得到了广泛应用。这些技术从不同的角度和层面为研究人员提供了关于 PEMFC 内部水的丰富信息，有助于深入理解水气输运规律，解决水管理问题，进一步推动 PEMFC 技术的发展和优化，使其在能源领域发挥更重要的作用。无论是光学透视方法对水动态运动过程和液泛现象的直接观测，还是中子成像、磁共振、X 射线技术在水分布和状态分析方面的独特优势，都为 PEMFC 的研究和改进提供了有力支持，为实现更高效、更稳定的PEMFC 性能奠定了坚实的基础。在未来的研究中，这些可视化观测技术有望不断发展和完善，与其他研究方法相结合，为 PEMFC 技术带来新的突破。

5.1.2 气体扩散层液态水流动可视化实验设计与平台搭建

基于 PEMFC 中液态水在气体扩散层（GDL）中扩散的过程，搭建了 GDL 液态水流动实验台。实验装置的实物图和示意图如图 5-2 所示，GDL 水流动实验平台由具有可输送液态水的微凹槽、流速可调的蠕动式注水机、高速摄像机、灯光器、计算机、显示屏以及若干连接导线搭建而成。高速摄像机型号为 AcutEye-1M-2000CXP，具体参数为：帧速率为 1900fps，分辨率为 1024×768。蠕动式注水泵进水流量范围为 0～5.6g/s。高速摄像机拍摄流道时保持竖直方向拍摄。

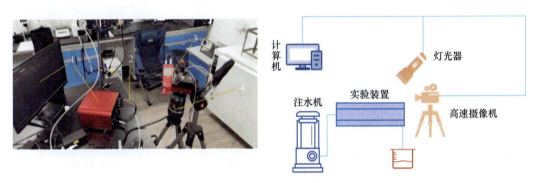

图 5-2　GDL 水流动可视化实验台实物图和示意图

1—计算机　2—数据线　3—灯光器　4—高速摄像机

实验采用的样品分别为原始气体扩散层、水槽、密封圈和玻璃盖片等，如图 5-3 所示。玻璃盖片内有宽度和深度都为 2mm 的密封槽，用橡胶圈进行密封。

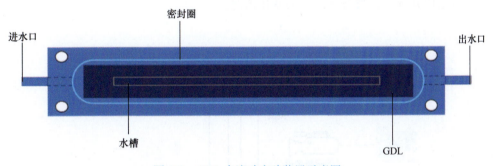

图 5-3　GDL 水流动实验装置示意图

实验原理为将 GDL 水平放置，给注水机一定初始压力，使注水机在 GDL 底部形成具有一定初始流速的液注，液注往 GDL 的上表面方向流动，由于 GDL 的扩散作用，液注会在 GDL 中发生分散形成液滴，部分液滴会凝聚并穿过 GDL，突破至 GDL 上表面，从而模拟 PEMFC 中液滴从 GDL 中扩散的过程。通过观测不同 GDL 表面处理方式下液滴突破 GDL 的情况可以验证微孔结构对 GDL 液态水传输的影响效果。GDL 液滴突破过程如图 5-4 所示。

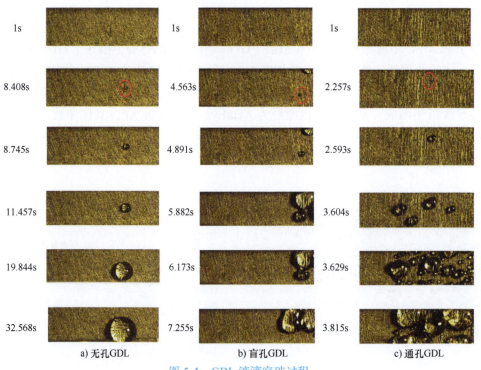

图 5-4　GDL 液滴突破过程

5.1.3　流道液态水流动可视化实验设计与平台搭建

为了研究微结构流道内部水气输运情况，依据 PEMFC 中双极板流道水气传输原理，搭建了流道水气传输可视化实验平台，示意图和实物图如图 5-5 所示，本实验中重点探究流道表面微结构处理下，液态水流动的变化情况。

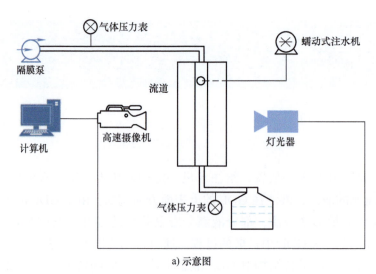

a) 示意图

图 5-5　流道水气两相流动可视化实验平台

b) 实物图

图 5-5　流道水气两相流动可视化实验平台（续）

实验平台由压力可调的隔膜泵、气体压力表、具有可视窗口的流道、流速可调蠕动式注水机和摄像系统组成。摄像系统由高速摄像机、灯光器和计算机组成。高速摄像机的具体参数为：帧速率为 1900fps，分辨率为 1024×768。高速摄像机拍摄流道时保持竖直方向拍摄。

采用的双极板流道结构为直流道，材质为 304 不锈钢。流道深度和宽度均为 2mm，长度为 15mm。流道示意图如图 5-6 所示，进出气口分别设在两侧面，进水口为流道正下面，靠近进气口侧 4mm 处，进水孔孔径为 1mm，三维尺寸示意图如图 5-7 所示。采用透明石英玻璃作为盖板盖在流道上，盖板上设置有密封槽，使用橡胶条进行密封。流道样品如图 5-8 所示。

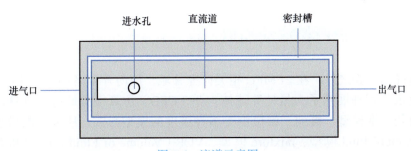

图 5-6　流道示意图

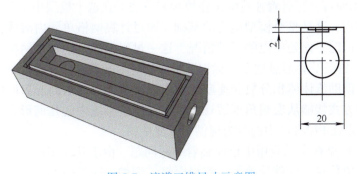

图 5-7　流道三维尺寸示意图

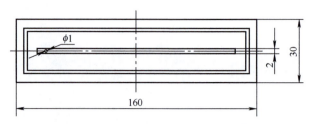

图 5-7　流道三维尺寸示意图（续）

通过调节吹气压力来模拟燃料电池真实情况下的不同进气压力，通过调节进水流量来模拟燃料电池真实情况不同电流密度下产生的不同进水流量。

a) 光滑流道

b) 微结构流道

图 5-8　流道样品

5.2　PEMFC 气液两相流动模拟

除了可视化实验之外，在 PEMFC 相关研究领域，国内外学者围绕 PEMFC 液态水动态特性以及水气管理展开了大量计算流体力学（CFD）仿真模拟研究。这些研究涵盖了从一维模型到二维模型，再到三维模型等多种维度的模型形式，所涉及的模型类型十分丰富，包括 multi-fluid 模型、mixture 模型、VOF（Volume of Fluid）模型和 LB（Lattice Boltzmann）模型等。

就 VOF 模型而言，它有着独特的工作原理和方法。在这个模型中，首先需要求解连续性方程与动量方程，这是整个模型运行的基础。通过计算网格单元内流体体积和网格体积比函数，以此来追踪界面处质点的运动情况。这一过程就像是给每个网格单元内的流体赋予了一个特殊的"标识"，通过这个"标识"可以清楚地知道流体在不同网格中的分布和运动状态。然后，借助流体体积分数和速度场来求解动量方程，从而对界面的几何性质进行描述。这种描述方式能够从宏观角度展现出界面在整个系统中的几何形态和变化趋势，为进一步分析液态水在 PEMFC 中的行为提供了重要依据。

然而，VOF 模型在实际应用中也面临着一些问题。由于其体积函数仅给出了网格单元内的流体体积比值信息，这就导致了一些局限性。例如，在界面处，密度、黏度等流体物理参数会发生急剧变化，这种变化会引发扩散效应和界面应力。扩散效应会使得界面周围的流体性质变得模糊不清，就好像在原本清晰的边界上蒙上了一层迷雾，而界面应力则会对界面的形状和运动产生额外的影响，使界面的行为变得更加复杂。这些因素综合起来，使得最开始的 VOF 模型在描绘界面形状和位置时无法达到理想的清晰度和精度。界面形状和位置的不准确描绘会对研究结果产生重大影响，因为在分析 PEMFC 液态水动态特性和水气管理时，界面信息是至关重要的。如果无法准确获取界面的形状和位置，就无法准确地分析液态水在流道、气体扩散层等部位的流动规律和演化行为。

为了克服这一问题，研究人员投入了大量的精力进行探索和研发，最终提出了一系列界面重构的方法。这些方法的核心目的就是提高界面的分辨率，使界面的形状和位置能够更清晰、准确地被呈现出来。在众多的界面重构方法中，分段线性界面计算（Piecewise Linear Interface Calculation）脱颖而出。这种方法在重构界面时表现出了较高的分辨率，能够更精细地刻画界面的细节。与其他方法相比，它可以更准确地捕捉到界面的微小变化，就像使用了一个高倍放大镜来观察界面一样。同时，分段线性界面计算方法在计算过程中的误差较小，这意味着它能够在保证精度的前提下，为研究人员提供更可靠的界面信息。正是由于这些优点，分段线性界面计算方法在相关研究领域得到了广泛的应用，成为研究人员手中的有力工具。

将 VOF 模型与 LB 模型、mixture 模型等其他方法进行比较时，可以发现 VOF 模型有着独特的优势。在研究 PEMFC 中的液滴演化行为以及流道和气体扩散层内部流动规律时，追踪两相之间的界面是非常关键的一步。LB 模型虽然在处理复杂流体问题上有其独特之处，但在追踪两相界面方面相对复杂。mixture 模型则是将多种流体视为一种混合物来处理，在这个过程中会丢失一些两相界面的细节信息。而 VOF 模型通过其独特的求解方程和追踪界面质点运动的方法，可以更方便地追踪两相之间的界面。它就像是为两相界面量身定制的追踪器，能够紧紧地"抓住"界面的变化，为研究人员呈现出清晰的界面动态。这种优势使得 VOF 模型在研究 PEMFC 液态水相关问题时具有不可替代的作用。

在 PEMFC 的研究中，液滴的演化行为以及流道和气体扩散层内部的流动规律是非常重要的研究内容。液滴在 PEMFC 内部的演化过程会直接影响到水气管理的效果。例如，液滴的大小、形状、分布以及运动状态等因素都会对气体扩散通道产生影响。如果液滴过大或者分布不均匀，就可能会阻塞气体扩散通道，使得氧气等反应气体无法顺利到达催化剂层，从而降低电化学反应的效率。而流道和气体扩散层内部的流动规律则决定了液态水和气体在这些部位的传输效率。合理的流动规律能够保证液态水及时排出，同时让反应气体顺利通过，维持 PEMFC 的正常运行。VOF 模型作为一种有效的研究手段，可以帮助研究人员深入了解这些过程，从而为优化 PEMFC 的设计和性能提供理论支持。

在实际的研究过程中，研究人员利用 VOF 模型进行了大量的模拟分析。他们通过构建不同的 PEMFC 模型，设置各种边界条件和初始条件，来模拟不同工况下液态水在 PEMFC 中的行为。例如，改变流道的几何形状、气体的流量和压力、温度等参数，观察液滴的演化和流动规律的变化。这些模拟研究为理解 PEMFC 内部复杂的物理过程提供了丰富的数据。通过对这些数据的分析，研究人员可以发现一些潜在的问题和优化方向。例如，当发现某种流道形状下液滴容易积聚时，就可以针对性地对流道进行改进设计，以提高液态水的排出效率。同时，这些研究成果也为 PEMFC 的实际应用提供了指导，使得 PEMFC 在不同领域的应用中能够更好地发挥其性能优势，减少故障和性能下降的情况发生。

此外，VOF 模型的发展也促进了多学科的交叉融合。在其研发和应用过程中，涉及数学、物理、化学以及计算机科学等多个学科领域。数学为模型的方程求解和算法设计提供了理论基础，物理和化学则为理解 PEMFC 内部的流体行为和化学反应过程提供了依据，而计算机科学则为模型的实现和模拟计算提供了技术支持。这种多学科的交叉融合不仅推动了 VOF 模型的不断完善，也为整个 PEMFC 研究领域带来了新的思路和方法。例如，计算机科学中的高性能计算技术可以加速 VOF 模型的模拟计算过程，使得研究人员能够在更短的时间内完成复杂的模拟任务，提高研究效率。

随着技术的不断发展，VOF 模型在未来的 PEMFC 研究中仍将发挥重要作用。一方面，研究人员将继续改进和优化 VOF 模型本身，进一步提高其界面分辨率和计算精度，降低计算成本。例如，通过引入新的算法和数据结构，优化模型的计算流程，使其能够更高效地处理大规模的模拟数据。另一方面，VOF 模型将与其他先进的研究方法和技术相结合，为 PEMFC 研究带来新的突破。例如，与微观尺度的模拟方法结合，可以更全面地研究从微观到宏观不同尺度下液态水在 PEMFC 中的行为。同时，随着 PEMFC 在新能源领域应用的不断拓展，对其性能和稳定性的要求也越来越高，VOF 模型将为解决 PEMFC 液态水管理问题提供更加强有力的支持，推动 PEMFC 技术朝着更加高效、稳定的方向发展。

总之，VOF 模型在 PEMFC 液态水动态特性以及水气管理的研究中具有重要地位。它通过独特的方法追踪两相界面，尽管在发展过程中遇到了一些问题，但通过界面重构方法得到了改进和完善。与其他模型相比，其在研究液滴演化行为和流道、气体扩散层内部流动规律方面具有明显优势，并且在实际研究和多学科融合中发挥了积极作用，未来还将在 PEMFC 研究领域持续展现其价值。

5.2.1　气体扩散层气液两相流动数值计算模型

采用随机生成方法，在 COMSOL Multiphysics 5.6 软件中构造碳纸气体扩散层的 3D 孔隙结构，选用 Schladitz 等的建模方法进行模型重构。该方法的所有结构参数均灵活可控，能够避免 X-CT 技术无法独立改变某一结构参数的缺点，因此在模拟多孔介质内部传输过程的研究中也被广泛应用。基于随机方法的多孔介质重建模型法的中心思想是预设多孔介质的目标统计参数 [孔隙率、厚度、GDL 中的 PTFE 含量、催化剂层（CL）中的铂载量和电解质含量等]，利用材料的已知性质 [GDL 中碳纤维的直径、微孔层（MPL）和 CL 中的碳颗粒直径等]，基于随机算法合理地生成目标多孔介质。基于随机方法的重建模型可以方便地通过改变条件模型参数来改变多孔介质的整体或局部结构，针对性地生成在某一结构参数或特性上存在差异的多孔介质。但由于多孔介质内部空隙和碳纤维的随机分布和杂乱性，在现实中很难完全真实地实现某一多孔介质。

本书在重构 GDL 模型时采用了以下假设：

① 气体扩散层的碳纤维假设为圆柱形，且具有统一的直径；

② 碳纤维是无限长的，因此在构造区域内不允许断裂；

③ 碳纤维之间允许相互重叠，即允许两条纤维圆柱交叉；

④ 忽略碳纤维在碳纸厚度方向的取向，即只允许碳纤维在平面上布置。

本书的 GDL 重构分为以下四步：

1）在指定面积大小的平面内生成随机分布的直线，用来表示碳纤维的中心线，这些随机分布的直线通过生成若干随机点组（每组包含两个随机点）再相连生成。

2）将1）中的纤维中心线三维膨胀成圆柱体，形成单根碳纤维，圆柱体的直径为预设的碳纤维直径，处理方法是判断中心线周围的孔隙格点到中心线的距离是否小于碳纤维直径，若是则该格点转变为纤维格点，否则仍保持为孔隙格点。

3）重复1）和2）的工作，生成若干数量的碳纤维直到该层的孔隙率满足要求。

4）重复1）~3）的工作，生成目标数量的碳纤维层再叠加得到目标厚度的纤维结构。

具体的建模过程如图 5-9 所示，碳纤维圆柱的直径为 8μm，控制平均孔隙度为 0.84（与实验所用 GDL 一致）。GDL 重构模型如图 5-10 所示。

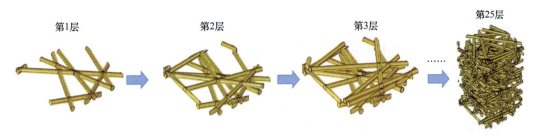

图 5-9　GDL 碳纤维建模过程

图 5-10　GDL 重构模型

采用水平集方法研究了液体在 GDL 通道内的运动过程。在水平集方法中，水平集函数 ϕ 通常定义为状态示意函数。水平集方法通过使用水平集方程、动量运输方程和连续性方程以定义相关变量。

$$\frac{\partial \phi}{\partial t} + \boldsymbol{u} \cdot \nabla \phi = \gamma \nabla \cdot \left[-\phi(1-\phi)\frac{|\nabla \phi|}{\nabla \phi} + \varepsilon \nabla \phi \right] \tag{5-1}$$

$$\rho \frac{\partial u}{\partial t} + \rho(\boldsymbol{u} \cdot \nabla)\boldsymbol{u} = \nabla \cdot [-p\boldsymbol{I} + \mu(\nabla \boldsymbol{u} + \nabla \boldsymbol{u}^{\mathrm{T}})] + \boldsymbol{F}_{\mathrm{st}} \tag{5-2}$$

$$\nabla \cdot \boldsymbol{U} = 0 \tag{5-3}$$

在水平集方程 [式（5-1）] 中，函数 ϕ 的范围是 $0 \sim 1$，若 $\phi < 0.5$，定义为气体状态；若 $\phi > 0.5$，则定义为液态状态；γ 和 ε 是用于稳定的参数；ε 决定了界面的厚度，ϕ 在 $0 \sim 1$ 之间平稳移动，其阶数应与界面传输单元的网格计算尺寸相同。ϕ 决定了水平集函数重新初始化的次数。一个合适的 γ 值是速度场 $\boldsymbol{u}$ 的最大值。

在式（5-2）中，ρ 为密度（kg/m^3）；$\boldsymbol{u}$ 为速度（m/s）；t 为时间（s）；μ 为动力黏度（$Pa \cdot s$）；p 为压力（Pa）；$\boldsymbol{F}_{st}$ 为表面张力（N/m^3）。

$$\rho = \rho_1 + (-\rho_1)\phi \tag{5-4}$$

$$\mu = \mu_1 + (\mu_2 - \mu_1)\phi \tag{5-5}$$

式中，ρ_1、ρ_2 分别为流体 1 和流体 2 的密度；μ_1、μ_2 分别为流体 1 和流体 2 的动力黏度。

作用于两种流体界面上的表面张力为

$$\boldsymbol{F}_{st} = \sigma \delta \kappa \boldsymbol{n} \tag{5-6}$$

式中，σ 为界面张力系数（N/m）；δ 为集中于界面的狄拉克 δ 函数。δ 函数是一个近似函数：

$$\delta = \sigma |\nabla\phi| |\phi(1-\phi)| \tag{5-7}$$

单位法向量 $\boldsymbol{n}$ 和曲率 κ 表示为

$$\boldsymbol{n} = \frac{\nabla\phi}{|\nabla\phi|} \tag{5-8}$$

$$\kappa = -\nabla \cdot \boldsymbol{n}\big|_{\phi=0.5} \tag{5-9}$$

根据实际使用的 GDL 样品特征，本研究中 GDL 样品厚度设计为 $200\mu m$，水平截面为 $150\mu m \times 150\mu m$。入口的进水速度设置为 $0.005m/s$，这个进水速度对应于在 $2.5A/cm^2$ 电流密度下燃料电池的产水速率（正常的 PEM 燃料电池的工况可达到约 $2A/cm^2$ 的电流密度）。设置疏水的恒定接触角 $125°$，GDL 两侧的压差设置为 $7000Pa$。

在本模型中，采用带算子分裂的压力隐式（PISO）方法求解两相控制方程。采用自适应时间步长，保证库朗数不大于 1。对流项、拉普拉斯项和梯度项采用二阶格式离散，时间项采用一阶格式离散。

5.2.2　流道气液两相流动数值计算模型

计算域是一条改进的燃料电池类荷叶状微凸起结构流道。流道长度为 4mm，宽度和深度分别为 0.7874mm 和 1mm。在流道顶端有阵列分布的类荷叶状微结构，如图 5-11 所示。微结构的直径和高度分别为 D 和 H，微结构的间隔为 S，如图 5-12 所示。

模型假设气体流动是层流且不可压缩。气体在流道进口处有均匀的速度。气体的温度是恒定的。气体充分加湿，忽略液态水的相变。假设两相之间的表面张力系数为常数。流道或 GDL 表面的润湿性表现为恒定的接触角，忽略了动态润湿性效应。由于表面张力效应强，邦德数小，流道方向的影响可忽略不计，忽略了重力的影响。

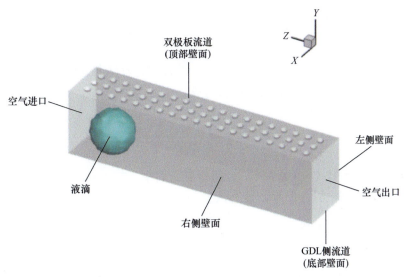

图 5-11   类荷叶状微结构流道计算域

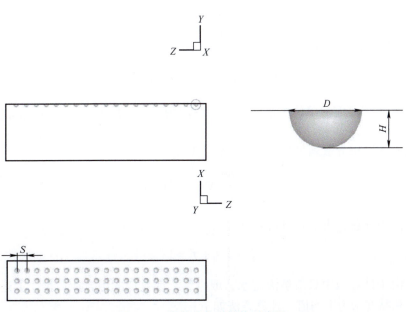

图 5-12   类荷叶状微结构示意图

利用 VOF 法计算各相的体积分数，跟踪气 – 水界面的输运。此外，VOF 方法还允许基于连续力方法的表面力建模，使捕获表面张力效应成为可能。控制方程如下。

连续性方程：

$$\frac{\partial \rho}{\partial t} + \nabla \cdot (\rho \vec{v}) = 0 \tag{5-10}$$

式中，ρ 为密度（$kg \cdot m^{-3}$）；$\vec{v}$ 为速度矢量（$m \cdot s^{-1}$）。

动量方程：

$$\frac{\partial(\rho \vec{v})}{\partial t} + \nabla \cdot (\rho \vec{v} \cdot \vec{v}) = -\nabla P + \mu \nabla \cdot (\nabla v + \nabla \vec{v}^{\mathrm{T}}) + \vec{F}_{\mathrm{S}} \qquad (5\text{-}11)$$

式中，P 为静压（Pa）；μ 为黏度（$\mathrm{kg \cdot m^{-1} \cdot s^{-1}}$）；$\vec{F}_{\mathrm{S}}$ 为气液两相交界面的表面张力（$\mathrm{N \cdot m^{-3}}$）。在 VOF 方法中，表面张力可以写成：

$$\vec{F}_{\mathrm{S}} = -\sigma \frac{\rho \kappa \nabla f_1}{0.5(\rho_1 + \rho_2)} \qquad (5\text{-}12)$$

式中，σ 为界面张力系数（$\mathrm{N \cdot m^{-1}}$）；κ 为两相界面曲率。式（5-12）是基于 Brackbill 等提出的连续体表面力模型。界面曲率 κ 能写成：

$$\kappa = \nabla \cdot \hat{n} = \nabla \cdot \frac{\vec{n}}{|\vec{n}|} \qquad (5\text{-}13)$$

式中，$\hat{n}$ 为表面单位法向量；$\vec{n}$ 为表面法向量，定义为相体积分数梯度：

$$\vec{n} = \nabla f_1 \qquad (5\text{-}14)$$

考虑到壁面的黏着效应，表面单位法向量 $\hat{n}$ 由与壁面相邻的网格单元决定，壁面附近的表面曲率可以表示为

$$\kappa = \nabla \cdot \hat{n} = [\hat{n}_w \cos(\theta) + \hat{t}_w \sin(\theta)] \qquad (5\text{-}15)$$

式中，$\hat{n}_w$ 为垂直于壁面的单位矢量；$\hat{t}_w$ 为与壁面相切的单位矢量；θ 为壁面的静态接触角（°）。

液态水 f_2 的体积分数满足第二相连续性方程：

$$\frac{\partial f_2}{\partial t} + \nabla \cdot (f_2 \vec{v}) = 0 \qquad (5\text{-}16)$$

空气的体积分数 f_1 由下式可得：

$$f_1 + f_2 = 1 \qquad (5\text{-}17)$$

此外，由于计算域中只能被液态水，或空气，或它们的组合所占据。上述控制方程中出现的密度和黏度均为平均值，计算方法如下：

$$\rho = \rho_1 f_1 + \rho_2 f_2 \qquad (5\text{-}18)$$

$$\mu = \mu_1 f_1 + \mu_2 f_2 \qquad (5\text{-}19)$$

流道进口采用速度进口边界，气流速度大小均匀分布，方向垂直于流道进口边界。流道出口采用压力出口边界。根据出口处的流动状态，气流已经达到充分发展。流道和 GDL 的表面都采用无滑移边界条件，根据实际流道实验结果，设置流道的壁面的接触角为 50°，GDL 壁面的接触角为 125°。在初始时刻，一个直径为 0.6mm 的水滴被引入到流道的 GDL 表面上，距离流道进口为 0.4mm 的位置处。计算域内的初始速度定为气流的进口速度，压力设定为流道出口压力 $1.01 \times 10^5 \mathrm{Pa}$，水气界面的表面张力系数为 0.07191N/m。

利用软件 Ansys Fluent 19.0 对液滴运动过程进行了瞬态模拟。使用基于压力的求解器求解非稳态控制方程，并选择基于显式方案的 VOF 方法进行多相仿真。压力速度耦合使用 PISO 算法，压力离散化使用压力交错选项（PRESTO）方案。动量方程由二阶迎风方案求解，界面处的体积分数由几何重构（Geo-Reconstruct）方案计算。模拟中的时间步选用 10^{-5}s。模型中所有网格均采用四面体网格结构，总网格数约为 37 万个。

5.3　PEMFC 强化排水设计

5.3.1　气体扩散层强化排水设计

质子交换膜燃料电池（PEMFC）在工作过程中，其内部液态水的传输和处理是一个复杂且关键的环节。液态水从 GDL 渗透到双极板流道，并最终从流道排出，这一过程看似简单，实则蕴含着丰富的物理化学现象和复杂的机制。

在 PEMFC 运行时，电化学反应在阳极和阴极持续进行。在阳极，氢气发生氧化反应，产生质子和电子；在阴极，氧气与质子和电子结合生成水。这些反应生成的水，一部分以水蒸气的形式存在于气体流中，随着气体在电池内部流动。然而，由于电池内部的温度、压力以及湿度等条件的变化，一部分水蒸气会在 GDL 处发生凝结，形成液态水。这就是液态水在 PEMFC 内产生的主要来源，而这部分液态水的后续行为对电池性能有着深远的影响。

GDL 作为 PEMFC 中的重要组成部分，具有独特的多孔结构。液态水在 GDL 中的存在和运动受到多种因素的影响。从微观角度来看，GDL 的孔隙大小、形状和分布各不相同，形成了一个复杂的孔隙网络。液态水在这个网络中受到毛细力、重力、压力等多种力的综合作用。其中，毛细力在液态水的初期传输中起到了关键作用。由于毛细作用，液态水会在 GDL 的孔隙中逐渐聚集和移动。例如，当液态水在某个较小的孔隙中形成时，周围孔隙中的水会在毛细力的驱动下向这个区域汇聚，就像水在毛细管中上升一样。这种毛细力的大小与孔隙的半径、液态水的表面张力以及液态水与 GDL 材料之间的接触角等因素密切相关。

随着液态水在 GDL 中的不断积累，当达到一定程度后，在压力差的作用下，液态水开始向双极板流道渗透。这个压力差的产生原因是多方面的。一方面，气体在 GDL 和流道中的流动会导致压力分布的不均匀。例如，当气体从流道进入 GDL 时，在入口处会形成一定的压力降，这种压力降会推动液态水向压力较低的流道方向移动。另一方面，电化学反应在电池内部的不均匀分布也会引起局部压力的变化，促使液态水的迁移。此外，电池内部的温度梯度也会对压力产生影响，因为温度的变化会导致气体密度和体积的改变，进而影响压力分布。

液态水在从 GDL 表面到极板流道表面这一过程中的突破、增长、脱离和去除的每一个环节都如此复杂且关键，所以深入研究这些过程具有极高的价值。对于认识液态水在 PEMFC 内的传输机理而言，这是一个核心的研究方向。在突破阶段，液态水需要克服 GDL 与极板流道之间的能量壁垒。这涉及两者材料的表面性质差异，如 GDL 材料和双极板材料的表面能不同，液态水在两者表面的接触角也不同。当液态水从 GDL 向流道移动时，它需要突破由这种表面能差异形成的阻力。这个过程类似于液体在不同润湿性表面之间的转移，需要消耗一定的能量。通过实验和理论研究，可以深入了解这种能量壁垒的大小与哪些因素有关，例如 GDL 和双极板的材料成分、表面处理方式等。

在液态水的增长阶段，其在 GDL 和流道中的积聚过程受到多种因素的协同作用。在 GDL 中，液态水的增长主要与毛细力和水的供应速率有关。如果毛细力足够强且水的供应充足，液态水会在孔隙中不断积聚并逐渐扩大其占据的空间。而在流道中，液态水的增长则与流道的形状、尺寸以及液态水的流入速率相关。例如，在一些局部低洼的流道区域，液态水更容易积聚，并且随着更多液态水的流入，液滴或液膜的体积会不断增大。这个过程中，液态水的增长速度和最终的形态对于后续的脱离和去除过程有着重要影响。

液态水的脱离过程是一个复杂的动态过程。在 GDL 中，当液态水积聚到一定程度后，在气体流动、振动或者其他外力的作用下，液态水可能会从 GDL 的孔隙表面脱离。这个过程与液态水和 GDL 之间的附着力以及外力的大小和方向有关。在流道中，液态水脱离壁面的情况更加复杂。当流道中的气体流速达到一定程度时，气流对液态水的剪切力可能会使液态水从壁面脱离。然而，这个临界流速与液态水的初始形态（如液滴大小、液膜厚度）、流道表面性质以及气体的物理性质（如密度、黏度）等因素都有关系。如果液态水不能顺利脱离壁面，就会导致流道堵塞，影响电池的正常运行。

液态水的去除过程是整个液态水传输的最终环节，也是保障 PEMFC 性能的关键步骤。从流道中有效去除液态水需要综合考虑流道的设计和运行条件。合理的流道坡度可以利用重力作用促进液态水的排出，使液态水能够自然地流向出口。此外，通过控制气体的流速和压力，可以在流道中形成有利于液态水排出的气流场。例如，适当提高气体流速可以产生足够的剪切力，推动液态水向出口移动。同时，在流道出口处，可以设计特殊的排水结构，如排水孔、排水槽等，确保液态水能够完全排出电池，避免在出口处积聚和回流。

研究液态水从 GDL 表面到极板流道表面的这些过程，对于指导 PEMFC 的设计有着深远的意义。在 GDL 的设计方面，通过深入理解液态水在其中的传输特性，可以对 GDL 的孔隙结构进行优化。例如，可以根据液态水在不同孔径孔隙中的传输速度和稳定性，设计出具有特定孔径分布的 GDL。如果希望液态水能够更快地通过 GDL，可以适当增加较大孔径孔隙的比例，但同时要考虑到不能影响 GDL 的气体扩散性能。此外，还可以通过对 GDL 材料进行表面处理，改变其表面能和润湿性，来调控液态水在其中的行为。例如，采用一些表面涂层技术，使 GDL 表面具有更好的亲水性或疏水性，以适应不同的工作条件和液态水管理需求。

对于双极板流道的设计，更是直接受益于对液态水传输过程的研究。在流道形状的选择上，可以根据不同的应用场景和对液态水排水效率的要求，选择最合适的几何形状。对于需要高排水效率的情况，可以选择具有良好排水坡度和较少弯道的流道设计；而对于需要增强气体与电极接触的应用，可以在保证液态水能够有效排出的前提下，设计一些特殊的流道结构，如具有微通道或局部扩张区域的流道。在流道尺寸的确定上，可以通过模拟和实验研究液态水在不同尺寸流道中的流动特性，找到最佳的宽度、深度等参数组合。同时，对流道表面进行处理，如通过抛光降低粗糙度或采用特殊的涂层改变表面能，来优化液态水在流道中的传输和排出。

这种对液态水传输过程的深入研究，对于加快 PEMFC 的除水和改善 PEMFC 的"水淹"问题具有不可替代的重要意义。"水淹"现象是 PEMFC 运行过程中常见的问题之一，它会严重影响电池的性能。当液态水在电池内部积聚过多，尤其是在气体扩散层和流道中无法及时排出时，就会导致"水淹"。这会阻塞气体扩散通道，使得反应气体无法顺利到达催化剂层，从而降低电化学反应效率，减少电池的输出功率。通过研究液态水的传输过程，可以针对性地采取措施来解决"水淹"问题。例如，通过优化 GDL 和流道的设计，提高液态水的排水速度，减少液态水在电池内部的停留时间。同时，可以通过实时监测液态水在电池内的分布和流动情况，及时调整运行参数，如气体流量、温度等，来预防"水淹"现象。

此外，采用合适的 GDL 表面微结构设计可以有效地控制液滴生长，改善水气输运。GDL 的表面微结构可以通过多种方法实现，如微纳加工技术、模板法等。通过在 GDL 表面构建特定的微观形貌，如微凸起、微凹槽或纳米级的纹理，可以改变液态水在其表面的行为。例如，设计具有亲水性微凸起的 GDL 表面（图 5-13），可以使液态水在这些凸起处聚集，形成较小的液滴，从而控制液滴的生长速度和大小。这种微结构可以增加液态水与气体的接触面积，有利于水气的分离和输运。同时，具有疏水性微凹槽的 GDL 表面可以引导液态水沿着特定的路径流动，避免液态水在 GDL 中无序扩散，提高液态水的传输效率。通过合理设计 GDL 表面微结构，可以实现对液态水和气体在 GDL 中的输运过程的精确调控，进一步优化 PEMFC 的性能，提高其在实际应用中的可靠性和稳定性。

总之，深入研究液态水在 PEMFC 中从 GDL 到双极板流道的传输过程，包括突破、增长、脱离和去除等环节，对于揭示液态水在 PEMFC 内的传输机理、指导电池设计、解决"水淹"问题以及优化水气输运都有着至关重要的作用，是推动 PEMFC 技术发展和应用的关键研究领域之一。

 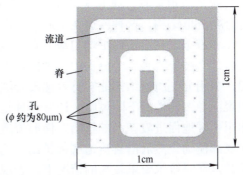

图 5-13　激光钻孔 GDL

5.3.2　流道强化排水设计

流道在质子交换膜燃料电池（PEMFC）中扮演着至关重要的角色，它是 PEMFC 水气输运的关键通道。在 PEMFC 的运行过程中，水和气体的有效传输对于电池的性能和稳定运行有着决定性的影响。而阴极流道部分由于涉及复杂的氧还原反应以及大量水的生成和传输，更是成为研究的重点领域，因此大量研究者对质子交换膜阴极流道的水气管理展开了深入且广泛的研究，旨在通过流道的结构优化来改善水传输的效果，从而提升整个 PEMFC 的性能。

PEMFC 的工作原理决定了阴极流道中水和气体的复杂交互。在阴极，氧气在催化剂层参与电化学反应，与通过质子交换膜传导过来的质子以及从外电路获得的电子结合生成水。这个过程伴随着大量热量的产生和复杂的物质传输现象。生成的水以不同的状态存在于阴极区域，一部分以水蒸气的形式存在于气体流中，随着气体的流动在流道内扩散；另一部分则可能在特定条件下凝结成液态水。这些液态水如果不能得到妥善管理，就会对电池性能产生严重的负面影响。例如，液态水可能会阻塞气体扩散通道，使得氧气无法顺利到达催化剂层，导致电化学反应效率降低。同时，过多的液态水还可能会引起电池内部的"水淹"现象，进一步恶化电池的性能，甚至导致电池无法正常工作。

流道的几何形状是影响水气输运的关键因素之一。传统的流道形状包括平行流道、蛇形流道等。平行流道结构简单，其优点在于气体和液态水在其中的流动相对稳定，压力降比较均匀。在平行流道中，气体和液态水能够沿着流道方向较为顺畅地流动，这有利于保持稳定的反应条件。然而，平行流道也存在一些局限性。由于其结构相对单一，因此对于液态水的排出能力有限。在长时间运行过程中，液态水可能会在流道底部积聚，尤其是在流道长度较长的情况下，积聚的液态水会逐渐阻碍气体的流动，影响电池性能。蛇形流道则具有不同的特点，它通过蜿蜒曲折的形状增加了气体和液态水与电极的接触面积，有利于提高反应效率。在蛇形流道中，气体和液态水在流动过程中会不断地改变方向，这种流动模式能够使氧气更充分地与催化剂层接触，促进电化学反应的进行。但是，蛇形流道的缺点也很明显，其复杂的形状会导致较大的压力降，而且在弯道处容易出现液态水的积聚和阻塞现象。这是因为在弯道处，液体在离心力和黏性力的作用下，更容易附着在流道壁面，并且由于流道方向的突然改变，气体对液态水的推动作用也会受到影响，从而导致液态水的积聚。

除了传统的流道形状，研究人员还探索了许多新型的流道几何形状来优化水气输运。例如，有分支流道结构，这种流道在主通道上设置了多个分支，就像树枝一样。分支流道可以使气体和液态水在流道内更均匀地分布，减少局部区域的水气积聚。当气体和液态水进入流道后，会被分流到各个分支中，这样可以提高整个流道区域的利用效率。在一些实验中发现，采用分支流道结构能够有效地改善液态水在流道内的分布情况，降低某些区域因水气积聚而导致的性能下降风险。还有一种是梯形流道，其独特的梯形截面设计可以利用重力作用更好地促进液态水的排出。梯形流道的底部较宽，使得液态水更容易在重力的作用下向底部流动，然后沿着流道底部排出。这种流道形状在一些特定的 PEMFC 应用场景中，尤其是在对排水要求较高的情况下，表现出了良好的水气管理性能。此外，还有一些具有三维复杂结构的流道设计，这些流道不再局限于二维平面内的形状变化，而是在三维空间内形成了独特的几何结构。例如，一些流道具有螺旋状的结构或者内部带有微通道网络，这种三维流道能够创造出更加复杂的气体和液态水流动路径，进一步优化水气输运效果。在三维流道中，气体和液态水可以在不同的方向和层面上进行输运，增加了它们之间的混合和分离机会，有助于提高电池的整体性能。

流道的尺寸也是影响水气输运的重要因素。流道的宽度、深度以及长度等尺寸参数直接决定了气体和液态水在其中的流量、流速和停留时间。较窄的流道宽度可能会限制气体和液态水的流量，导致气体扩散受阻，液态水排出困难。例如，如果流道宽度过窄，气体在流道中的流速会显著增加，这可能会引起较大的压力降，同时液态水在狭窄的空间内更容易形成液膜或堵塞流道。相反，过宽的流道虽然可以降低气体流速和压力降，但可能会导致气体和液态水在流道内的分布不均匀，出现局部的积聚现象。流道深度的影响也不容忽视，较深的流道可能会使液态水在底部形成滞流区，因为底部的液态水受到的压力较大，且与气体的接触和相互作用较弱，不利于液态水的排出。而较浅的流道则可能无法容纳足够的气体和液态水，影响电池的持续运行能力。流道长度同样会对水气输运产生影响，较长的流道会增加气体和液态水在其中的停留时间，这可能会导致更多的液态水凝结和积聚，同时也会增加气体扩散的阻力。因此，合理确定流道的尺寸对于优化水气输运至关重要。

流道的表面性质对于水气输运同样有着重要影响。流道表面的粗糙度、润湿性等性质会改变气体和液态水与流道壁面之间的相互作用。粗糙的流道表面会增加气体和液态水在流动过程中的摩擦力，对于气体而言，这会降低气体的扩散效率，使其在流道内的流动阻力增大。对于液态水，粗糙表面会使液态水更容易附着在壁面，形成液膜或液滴滞留。这些滞留的液态水不仅会阻碍后续液态水的流动，还可能会逐渐阻塞流道。而流道表面的润湿性则决定了液态水在壁面的铺展情况。如果流道表面具有良好的亲水性，液态水会更容易在壁面铺展成连续的液膜，这种液膜在一定程度上有利于液态水的排出，但如果液膜过厚，也会影响气体的扩散。相反，如果流道表面是疏水性的，液态水会形成离散的液滴，这些液滴在气体的推动下更容易在流道内移动，但如果疏水性过强，液滴可能会在流道内无序滚动，甚至可能会与气体混合形成两相流，增加流动的复杂性。因此，通过对流道表面进行处理，如采用涂层技术改变其粗糙度和润湿性，可以有效地优化水气输运效果。

在研究质子交换膜阴极流道的水气管理过程中，研究人员采用了多种先进的技术手段。一方面，通过实验研究来观察和分析不同流道结构下的水气输运现象。在实验中，使用高速摄像机等设备可以直观地观察液态水在流道内的流动状态，包括液滴的突破、增长、脱离和去除过程。同时，利用压力传感器可以测量流道内不同位置的压力变化，了解气体在流道中的流动阻力情况。通过这些实验数据，可以对不同流道结构的性能进行直接评估。另一方面，数值模拟也是研究的重要手段之一。利用计算流体力学（CFD）等数值模拟方法，可以建立流道内水气输运的数学模型。在模型中，可以考虑气体和液态水的物理性质、流道的几何形状和尺寸、边界条件等多种因素，通过求解这些数学模型，可以预测不同流道结构下的水气输运效果。数值模拟方法具有成本低、效率高的优点，可以在短时间内对大量不同的流道设计方案进行评估，为实验研究提供指导方向。

通过对质子交换膜阴极流道的结构优化来改善水传输效果，对于提高 PEMFC 的性能有着显著的效果。优化后的流道结构能够有效地减少液态水在阴极区域的积聚，提高氧气的扩散效率，从而增强电化学反应的速率。这不仅可以提高 PEMFC 的输出功率，还可以延长电池的使用寿命。例如，在一些实际应用中，采用新型流道结构的 PEMFC 在相同的运行条件下，其输出功率比传统流道结构的电池提高了 20% 以上，而且在长时间运行过程中，"水淹"现象明显减少，电池性能更加稳定。此外，良好的水气输运还可以降低 PEMFC 的运行成本，因为减少了"水淹"等问题导致的电池维护和更换频率。同时，对于 PEMFC 在不同应用场景中的推广也有着积极的意义，无论是在电动汽车、分布式发电还是其他需要清洁能源的领域，优化的流道结构都能够使 PEMFC 更好地适应环境条件，提高其可靠性和稳定性，为清洁能源的发展做出更大的贡献。

总之，流道作为 PEMFC 水气输运的重要通道，其结构优化对于改善水传输效果具有重要意义。从流道的几何形状、尺寸到表面性质，每一个因素都与水气输运密切相关，而研究人员通过大量的实验研究和数值模拟等手段，不断探索新的流道结构和优化方法，为提高 PEMFC 的性能和推动其广泛应用奠定了坚实的基础（图 5-14）。随着技术的不断发展，未来对于质子交换膜阴极流道的水气管理研究将朝着更加精细化、智能化的方向发展，有望进一步突破当前的技术瓶颈，实现 PEMFC 性能的更大提升。

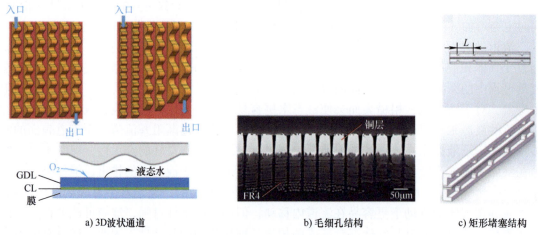

a) 3D波状通道   b) 毛细孔结构   c) 矩形堵塞结构

图 5-14　燃料电池流道结构设计

第6章 燃料电池热管理

　　燃料电池作为一种极具前景的能源转换装置，在现代能源领域中占据着独特的地位。它通过将化学能直接转化为电能，为实现高效、清洁的能源利用提供了可能。燃料电池主要分为质子交换膜燃料电池（PEMFC）、固体氧化物燃料电池（SOFC）、碱性燃料电池（AFC）等多种类型。其中，质子交换膜燃料电池由于其启动迅速、工作温度相对较低以及功率密度高等显著优势，在交通运输和分布式发电领域展现出广阔的应用前景。

　　从工作原理来看，以质子交换膜燃料电池为例，这是一个精妙而复杂的过程。在阳极，氢气在催化剂的作用下发生分解，产生质子和电子，质子能够通过质子交换膜向阴极移动，而电子则沿着外部电路流动，形成电流；在阴极，氧气与到达此处的质子和电子结合，最终生成水。这一系列的电化学反应和物质传输过程紧密相连，任何一个环节都会受到多种因素的影响，而温度在其中扮演着至关重要的角色。

6.1　燃料电池内部的产热过程

　　在电化学反应过程中，燃料（如氢气）和氧化剂（如氧气）在电极表面发生反应，这是产热的重要来源之一。如图 6-1 所示，以质子交换膜燃料电池为例，氢气在阳极催化剂的作用下分解为质子和电子，氧气在阴极与质子和电子结合生成水。这个氧化还原反应本身是一个释放能量的过程，其中一部分能量以热量的形式释放出来。这种因化学反应的焓变而产生的热量，其大小与反应的化学计量数、反应物和生成物的能量状态有关。当燃料电池输出功率较高、反应速率加快时，单位时间内的电化学反应数量增多，这部分热量也会相应大幅增加。

　　欧姆热也是产热的关键因素。电子在电极、外部电路以及质子在质子交换膜和电解质中的传导过程中，会遇到电阻。根据焦耳定律，电流通过电阻时会产生热量。在燃料电池中，电极材料、质子交换膜的导电性以及电池的内部连接结构等都会影响欧姆电阻的大小。当燃料电池的电流密度增大时，例如在高功率输出的工况下，欧姆热会显著增加。而且，随着燃料电池的老化或局部性能劣化，电极和质子交换膜的电阻可能会发生变化，进一步影响欧姆热的产生情况。

　　此外，还有活化热的产生。在电化学反应中，反应物分子需要克服一定的活化能才能参与反应。这个克服活化能的过程需要吸收能量，而当反应发生后，这部分能量会以热量等形式释放出来。活化热的产生量与电化学反应的活化能大小、反应速率以及电极表面的催化活性有关。在燃料电池启动或负载突然变化等情况下，反应速率的快速调整会导致活化热的产生量发生变化。例如，在启动瞬间，由于反应从静止状态迅速启动，活化热会在短时间内有一个明显的产生峰值，之后随着反应趋于稳定，活化热也会相应稳定在一个与当前反应速率相适应的水平。

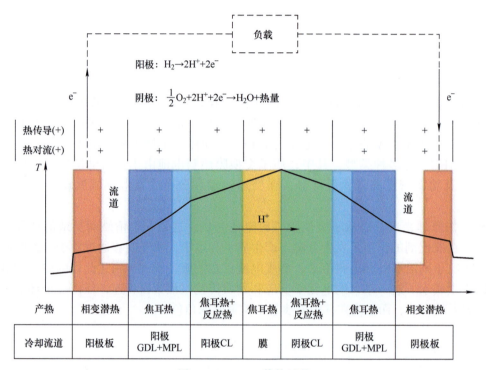

图 6-1　PEMFC 传热过程

　　这三种热量产生机制——电化学反应热、欧姆热和活化热——相互作用且同时存在于燃料电池的运行过程中，共同构成了燃料电池复杂的产热过程，并且它们的大小会随着燃料电池的运行工况（如功率输出、负载变化）和自身性能状态（如老化程度）而动态变化。

6.2　温度对燃料电池性能的影响

　　热管理对燃料电池的性能和寿命有很大的影响。在性能方面，温度对电化学反应有着直接且关键的影响。适度提高温度通常能够加快电化学反应的速率，因为温度的升高意味着反应物分子具有更高的动能，它们更容易克服反应的活化能垒，从而促进氢气和氧气在催化剂表面的反应。例如，在一定范围内升高质子交换膜燃料电池的温度，可以显著提高电池的输出功率。然而，温度过高却会带来一系列负面效应：过高的温度会导致质子交换膜脱水，使其质子传导率大幅降低；同时，高温还可能致使催化剂烧结、失活，严重损害燃料电池的性能。

温度对物质传输的影响同样不容忽视。在气体扩散方面，温度升高会加快气体分子的扩散速率，这有利于氢气和氧气在电极和气体扩散层中的传输。但如果温度过高，可能会改变气体扩散层的孔隙结构，破坏气体的均匀分布。对于质子传输而言，质子交换膜的质子传导率与温度密切相关，只有在合适的温度条件下，质子才能实现有效的传导，温度异常变化会打破这种平衡。

从寿命角度考虑，热应力是一个重要问题。在燃料电池运行过程中，由于电化学反应持续产生热量，加之不同部件之间的温度差异，会不可避免地产生热应力。在燃料电池堆中，不同单体电池之间或者电池的不同部件（如电极、质子交换膜、双极板等）因热膨胀系数不同，在温度变化时会产生热应力。长期承受热应力会导致部件出现变形、开裂等问题，甚至可能造成部件的损坏，从而严重缩短燃料电池的使用寿命。

此外，温度和热管理环境还会影响材料的老化和腐蚀。高温环境可能会降低质子交换膜、催化剂等材料的化学稳定性，加速它们的分解和老化进程。同时，温度变化引发的湿度变化可能会导致金属双极板等部件发生腐蚀，进一步影响燃料电池的性能和寿命。因此，良好的热管理是保障燃料电池长期稳定运行的关键因素之一。

6.3　燃料电池热管理技术的发展方向与需求

在燃料电池热管理技术的发展中，高效的冷却技术是核心需求之一。液体冷却（如水冷）是目前广泛应用的一种冷却方式，它具有显著的优势。水的比热容较大，能够吸收大量的热量，因此液体冷却具有较高的冷却效率，能够有效地带走燃料电池产生的大量热量。在高功率的燃料电池系统中，液体冷却能够满足散热需求，保障燃料电池在高负荷运行下的温度稳定。

然而，液体冷却系统也面临着一些挑战。其需要复杂的管路设计来确保冷却液能够均匀地流过燃料电池的各个发热部位。水泵等部件的存在增加了系统的复杂性和成本，同时也需要消耗一定的能量来驱动。此外，冷却液泄漏是一个潜在的严重问题，一旦发生泄漏，可能会对燃料电池造成损害，甚至导致系统故障。因此，未来液体冷却技术的发展方向包括开发新型的冷却液，这种冷却液不仅要具有良好的热传递性能，还要具有更高的化学稳定性和安全性，减少泄漏风险。同时，优化冷却通道的设计也是关键，通过改进通道的形状、尺寸和分布，可以提高冷却效果的均匀性，更好地适应燃料电池的热负荷分布（图6-2），提高整个系统的可靠性。

空气冷却作为另一种冷却方式，具有结构简单、成本低等优点。对于小型燃料电池系统或者对空间和成本有严格要求的应用场景，空气冷却具有一定的优势。但是，空气的热容量相对较小，这意味着空气冷却的效率相对较低。在高功率燃料电池应用中，单纯的空气冷却往往难以满足散热需求。为了提高空气冷却的效率，需要研究新型的空气冷却结构和空气流道设计。例如，可以通过优化空气入口和出口的位置、形状，以及在流道内设置扰流结构等方式，增加空气与燃料电池表面的热交换效率。此外，也可以考虑将空气冷却与其他冷却方式相结合，如在空气冷却的基础上，在局部高温区域采用辅助冷却手段，以满足燃料电池在不同工况下的冷却需求。

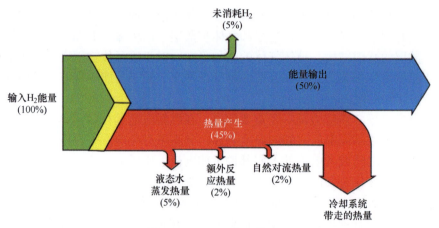

图 6-2　PEMFC 典型热流图

　　精确的温度控制技术是燃料电池热管理的另一个关键领域。为了保证燃料电池在合适的温度范围内运行，需要高性能的温度传感器、先进的控制器和快速响应的执行机构。温度传感器是温度控制的基础，它需要能够准确、实时地测量燃料电池内部不同位置的温度。由于燃料电池内部温度分布不均匀，传感器需要具备高灵敏度和高分辨率，能够精确捕捉温度的微小变化。同时，传感器还需要具有良好的稳定性和可靠性，以适应燃料电池复杂的工作环境。

　　控制器在温度控制中起着核心作用。它根据温度传感器反馈的信息，采用合适的控制算法来调节冷却系统的运行参数。常见的控制算法包括 PID 控制、模糊控制等。PID 控制具有简单、稳定的优点，但在处理复杂的非线性系统时可能存在一定的局限性。模糊控制则更适合处理具有不确定性和模糊性的系统，能够更好地适应燃料电池热管理这种复杂的动态过程。控制器需要根据燃料电池的实际运行情况，灵活选择和调整控制算法，以实现对温度的精确控制。

　　执行机构是实现温度控制的关键环节，它需要能够快速、准确地执行控制器的指令。例如，在液体冷却系统中，执行机构可能包括控制冷却液流量的阀门等部件。这些执行机构需要具有快的响应速度和高精度的调节能力，以保证冷却系统能够及时调整冷却强度，维持燃料电池的温度稳定。

　　此外，热管理系统与燃料电池其他子系统的集成也是发展的重要方向。燃料电池系统通常包括氢气供应系统、空气供应系统等多个子系统，这些子系统之间相互关联、相互影响。氢气和空气的供应温度和湿度会对燃料电池的热管理效果产生影响。例如，如果氢气的温度过低，可能会导致燃料电池局部温度降低，影响电化学反应速率。同样，空气湿度的变化可能会影响质子交换膜的湿度，进而影响质子传导率和热管理效果。

　　同时，热管理系统的运行也可能对其他子系统的性能产生影响。例如，冷却系统的温度控制可能会影响氢气和空气的流量和压力。因此，需要综合考虑各个子系统之间的相互作用，通过系统集成和协同优化，实现整个燃料电池系统的高效运行。这可以通过建立多变量、多目标的优化模型，采用先进的系统集成技术和控制策略来实现，从而提高燃料电池系统的整体性能和可靠性，推动燃料电池在更多领域的广泛应用，为未来能源发展做出更大的贡献。

6.4　燃料电池热管理测试技术

良好的热管理对于维持燃料电池内部合适的温度、湿度等条件至关重要，因为这些因素直接关系电化学反应的效率、材料的稳定性以及整个系统的可靠性。为了实现有效的热管理，必须依靠先进的热管理测试技术，准确测量燃料电池运行过程中的各种热相关参数，从而为优化热管理策略提供依据。

6.4.1　温度测量技术

热电偶（图 6-3）是在燃料电池温度测量中广泛应用的工具，其原理基于塞贝克效应。这种效应表明，当两种不同金属组成的闭合回路存在温度梯度时，会产生电势差，通过测量这个电势差就能确定温度。在燃料电池的复杂结构中，热电偶可以被精准地放置在电极、质子交换膜、双极板等关键位置。以质子交换膜燃料电池为例，将小巧的热电偶嵌入电极表面，对于精确掌握电化学反应期间的温度波动意义重大。这是因为电极是燃料电池电化学反应的核心区域，其温度变化直接影响反应速率和效率。

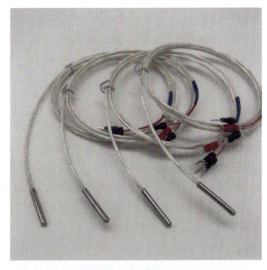

图 6-3　热电偶

热电偶具备诸多优点，其中响应速度快使其能够及时捕捉到燃料电池在动态运行过程中的温度变化，无论是启动、负载变化还是其他工况调整。而且其测量范围广，可适应燃料电池不同运行状态下可能出现的温度区间。不过，在实际应用中需要特别注意一些问题。首先是热电偶材料的选择，燃料电池内部环境特殊，例如，质子交换膜燃料电池存在酸性环境，高温燃料电池则有高温环境，这就要求热电偶材料具备相应的耐腐蚀性和耐高温性，以确保长期稳定的测量性能。其次，热电偶与测量部位的接触情况至关重要，不良的接触会因接触热阻而导致测量误差，所以需要保证两者之间的紧密接触，可通过合适的安装方法和使用导热介质等手段来实现。

光纤温度传感器利用光纤的某些特性随温度变化的原理来工作。例如，光纤的折射率、光散射特性等对温度变化敏感，通过检测这些特性的改变就能测量温度。这种传感器在燃料电池温度测量中有独特的优势。燃料电池内部存在复杂的电磁环境，而光纤温度传感器具有极强的抗电磁干扰能力，能够在这样的环境中准确测量温度。

另外，光纤可以做得很细，这使得它能够在燃料电池内部狭窄空间内灵活布置。例如在燃料电池堆内部，单体电池之间的空间有限，光纤温度传感器可以准确测量这些区域的温度差异。这些温度差异数据对于热管理系统分析局部温度不均问题非常关键，能够帮助研究人员深入了解燃料电池内部热分布情况，为优化热管理策略提供更详细准确的信息。

6.4.2　热流测量技术

热流计在燃料电池热管理测试中扮演着重要角色，它通过测量通过其表面的热流密度来获取热流信息。在燃料电池的热管理系统中，热流计可以安装在散热通道附近或者热传递的关键路径上。以水冷式燃料电池为例，将热流计安装在冷却水管外壁，就能实时监测从燃料电池传递到冷却介质的热量。这一测量数据对于评估热管理系统的冷却效率有着直接的意义。如果热流数据显示传递到冷却介质的热量异常，可能意味着冷却液流速或温度等参数需要调整。

同时，热流计的测量数据还能帮助分析燃料电池内部不同区域的热生成和传递情况。通过在不同关键位置安装热流计，可以构建出热流分布的详细图像，从而为优化热传递路径提供有力依据。这对于确保燃料电池内部热量能够有效散发，维持各个部件在合适的温度范围内工作至关重要。

6.4.3　湿度测量技术

在燃料电池中，湿度是一个与热管理密切相关的重要参数，尤其对质子交换膜的性能影响显著。电容式湿度传感器基于湿度变化引起电容变化的原理来测量湿度。这种传感器可以放置在质子交换膜附近或气体扩散层等关键位置，用于测量燃料电池内部的湿度。

质子交换膜的质子传导效率与湿度密切相关，合适的湿度能保证质子交换膜处于良好的工作状态。通过电容式湿度传感器测量湿度，可以间接了解质子交换膜的工作情况。而且湿度与温度相互关联，湿度的异常变化可能暗示着热管理系统存在问题，例如，冷却不足可能导致水汽凝结，而冷却过度可能引起干涸，这些情况都会影响燃料电池的性能。因此，湿度测量数据对于评估热管理系统是否正常工作以及是否需要调整具有重要参考价值。

电阻式湿度传感器利用湿度改变会使传感器电阻变化的原理来实现湿度测量。这种传感器可以安装在燃料电池的进气口或出气口等位置，用于监测进入和排出燃料电池的气体湿度。通过对进／出气口气体湿度的对比分析，结合温度测量数据，可以全面评估燃料电池内部的水分平衡情况。

如果进气湿度与出气湿度的差值出现异常，可能意味着燃料电池内部的湿度调节机制出现问题，这可能与热管理系统的运行状态有关。例如，冷却策略可能影响了气体的湿度变化，基于这些测量数据，热管理系统可以对进气湿度、温度以及冷却策略等进行相应调整，确保燃料电池在合适的湿度－温度环境下稳定运行，从而提高燃料电池的性能和延长其使用寿命。

6.5　燃料电池热管理建模技术

燃料电池传热计算在燃料电池技术的发展和应用中具有至关重要的地位。首先，从燃料电池的性能角度来看，准确的传热计算对于优化其电化学反应效率必不可少。燃料电池的电化学反应速率与温度密切相关，合适的温度范围能确保反应物分子具有合适的动能，从而更高效地克服反应活化能垒。例如，在质子交换膜燃料电池中，氢气和氧气在电极表面的反应速度对温度变化敏感，传热计算可以帮助确定在不同工况下维持最佳反应温度的条件。若传热计算不准确，可能导致温度过高或过低，温度过高会使质子交换膜脱水，降低质子传导率，还可能造成催化剂烧结、失活；温度过低则会减缓反应速度，降低电池的输出功率，影响整个燃料电池系统的性能表现。

其次，对于燃料电池的寿命而言，传热计算意义重大。燃料电池在运行过程中会因电化学反应热、欧姆热和活化热等多种热源产生热量，这些热量在各部件间传递会引发热应力。由于燃料电池的电极、质子交换膜、双极板等部件热膨胀系数不同，不均匀的温度分布会导致部件间产生热应力，长期积累可能致使部件变形、开裂。通过精确的传热计算，可以预测和分析热应力的产生和分布情况，进而采取措施优化传热路径和冷却方案，减少热应力对部件的损害，延长燃料电池的使用寿命。同时，传热计算也有助于评估温度和热流对材料老化和腐蚀的影响，不合适的温度和热流可能加速质子交换膜、催化剂和双极板等材料的老化与腐蚀，而准确的计算能为制定合理的热管理策略提供依据，避免这些问题。

从热管理系统设计的角度来看，传热计算是核心环节。燃料电池的热源具有多样性，包括电化学反应产生的热量、电子和质子传输产生的欧姆热以及与反应活化相关的活化热等，这些热源产生机制复杂且相互交织。而且，热传递路径涉及从反应区域到冷却介质的传导、对流和辐射等多种方式，通过各个部件的热传递过程也极为复杂。此外，燃料电池在不同运行工况下热负荷是动态变化的，如在汽车用燃料电池中，启动、加速、减速和停车等不同阶段热负荷差异明显，同时外界环境温度的改变也会影响热负荷。传热计算能够帮助工程师准确地模拟和分析这些复杂的热现象，从而设计出高效的冷却系统，包括选择合适的冷却介质（如水冷或空冷）、优化冷却通道的布局和尺寸、确定冷却介质的流量和流速等参数。只有基于准确的传热计算，才能确保冷却系统在各种工况下都能有效地带走热量，维持燃料电池在合适的温度范围内运行。

在燃料电池系统的集成和优化方面，传热计算也不可或缺。燃料电池系统通常包括氢气供应系统、空气供应系统和热管理系统等多个子系统，这些子系统之间相互关联、相互影响。传热计算可以分析热管理系统与其他子系统之间的热交互，例如氢气和空气的温度、湿度会因热传递而改变，进而影响燃料电池的性能，而热管理系统的运行也会受到其他子系统的反馈。通过传热计算，可以实现整个燃料电池系统的协同优化，提高系统的整体效率和可靠性，避免因局部热问题导致的系统故障或性能下降。同时，在燃料电池的大规模应用中，如燃料电池汽车的批量生产或分布式发电站的建设，准确的传热计算有助于降低成本，提高系统的稳定性和安全性，为燃料电池技术的广泛推广和可持续发展奠定坚实的基础。

6.5.1　单体电池传热计算

在质子交换膜燃料电池工作过程中，不可避免地会伴随热量产生。其中，产热源项主要包括电化学反应热、不可逆热、活化热、相变潜热、欧姆热等。在电池工作时，温度过高会导致质子交换膜中含水量下降，同时其耐久性也会大大下降。而低温则会大大降低催化剂活性，也更容易造成"水淹"现象。单体电池传热计算如图 6-4 所示。

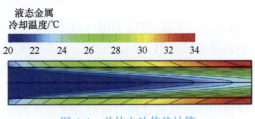

图 6-4　单体电池传热计算

6.5.2 燃料电池堆传热计算

燃料电池堆内部热传递主要包括三部分，分别是单体电池间的热传导、冷却液与单体电池间的热对流以及电堆外部表面的自然对流与辐射散热。在实际电堆测试过程中，发现冷却液在电堆进出口温度相差近10℃，实验测量结果也证实燃料电池膜电极面内温度分布与冷却液温度分布趋势基本一致，因此燃料电池堆内部热量传递方向是电堆堆叠方向占主导地位，本书忽略了单体电池面内温度热量传递，主要考虑电堆堆叠方向热量传递。由于金属双极板厚度较薄，一般小于1mm，并且极板边缘与反应区距离相比极板厚度来说较远，因此本模型忽略了极板边缘与电堆外部的自然对流与辐射散热，只考虑了电堆端板的自然对流与辐射散热。图6-5所示为燃料电池堆在电堆堆叠方向的热传递示意图，为了得到电堆内部各单体电池间的温度分布，需要求解整个电堆各个零部件（主要包括双极板、膜电极）的热平衡方程。其中，边缘单体电池由于所处位置不同，其热平衡方程需要考虑电堆边缘散热影响。

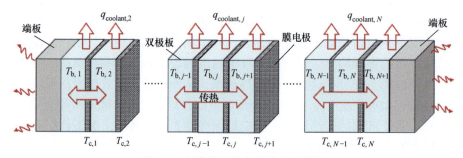

图 6-5 电堆堆叠方向热传递示意图

电堆中间单体电池膜电极热平衡方程：

$$q_{\mathrm{cb},j+1} + q_{\mathrm{cb},j} = q_{\mathrm{gen},j} \qquad (6\text{-}1)$$

电堆中间单体电池双极板热平衡方程：

$$q_{\mathrm{bc},j} + q_{\mathrm{bc},j-1} + q_{\mathrm{coolant},j} = 0 \qquad (6\text{-}2)$$

电堆边缘单体电池双极板热平衡方程：

$$q_{\mathrm{bc},1} + q_{\mathrm{coolant},1} + q_{\mathrm{b\_endpL}} = 0 \qquad (6\text{-}3)$$

$$q_{\mathrm{bc},N+1} + q_{\mathrm{coolant},N+1} + q_{\mathrm{b\_endpR}} = 0 \qquad (6\text{-}4)$$

式中，$q_{\mathrm{cb},j+1}$ 为第 j 节电池膜电极向第 $j+1$ 节双极板通过热传导方式传递的热量；$q_{\mathrm{cb},j}$ 为第 j 节电池膜电极向第 j 节双极板通过热传导方式传递的热量；$q_{\mathrm{gen},j}$ 为第 j 节电池电化学反应产生的热量；$q_{\mathrm{bc},j}$ 为第 j 节双极板向第 j 节燃料电池膜电极通过热传导方式传递的热量；$q_{\mathrm{bc},j-1}$ 为第 j 节双极板向第 $j-1$ 节燃料电池膜电极通过热传导方式传递的热量；$q_{\mathrm{coolant},j}$ 为第 j 节双极板中冷却液通过热对流的方式带走的热量；$q_{\mathrm{bc},1}$ 为第 1 节双极板向第 1 节燃料电池膜电极通过热传导方式传递的热量；$q_{\mathrm{coolant},1}$ 为第 1 节双极板中冷却液通过热对流的方式带走的热量；$q_{\text{b\_endpL}}$ 为第 1 节双极板向电堆左端板通过热传导方式传递的热量；$q_{\text{bc},N+1}$ 为第 $N+1$ 节双极板向第 N 节燃料电池膜电极通过热传导方式传递的热量；$q_{\text{coolant},N+1}$ 为第 $N+1$ 节双极板中冷却液通过热对流的方式带走的热量；$q_{\text{b\_endpR}}$ 为第 $N+1$ 节双极板向电堆右端板通过热传导方式传递的热量。

　　无论是热传导还是热对流，传递的热量都可以采用如下形式进行表示：

$$q = \frac{\Delta T}{R} \tag{6-5}$$

式中，ΔT 为两个热传递对象间的温差；R 定义为两个热传递对象间的热阻。对于热传导和热对流而言，热量传递热阻可以分别表示为如下形式：

$$R_{\text{conduction}} = \frac{L}{kA} \tag{6-6}$$

$$R_{\text{convection}} = \frac{1}{hA} \tag{6-7}$$

式中，L 为热传导距离；A 为热传递对象间的接触面积；k 为热传导系数；h 为对流换热系数。对流换热系数可以用如下公式表示：

$$h = \frac{Nu \times k_{\text{coolant}}}{d_{\text{channel}}} \tag{6-8}$$

式中，k_{coolant} 为冷却液导热系数；d_{channel} 为冷却液流道水力直径；Nu 为努赛尔数。努赛尔数表征了对流换热强烈程度，与流体流动状态有关，对于管内流动来说，可以表示如下：

$$Nu = \begin{cases} 4.36 & \text{层流} \\ 0.023Re^{4/5}Pr^{0.3} & \text{湍流} \end{cases} \tag{6-9}$$

　　管内流动为充分发展的湍流时，Nu 采用 Dittus-Boelter 公式表示，其中，Re 为流道内雷诺数，Pr 为普朗特数，它反映流体物理性质对对流换热过程的影响，表示如下：

$$Pr = \frac{c_{\text{p}}\mu}{k_{\text{coolant}}} \tag{6-10}$$

　　对于单体电池电化学反应产生的热量流率可以用如下公式进行表示：

$$q_{\text{gen}} = I(E_{\text{rev}} - V_{\text{cell}}) \tag{6-11}$$

式中，I 为电池工作电流；E_{rev} 为电池开路电压；V_{cell} 为电池输出电压。

　　将上述公式代入热平衡方程整理可得：

$$\frac{T_{\text{c},j} - T_{\text{b},j+1}}{R_{\text{c-b}}} + \frac{T_{\text{c},j} - T_{\text{b},j}}{R_{\text{c-b}}} = I(E_{\text{rev}} - V_{\text{cell},j}) \tag{6-12}$$

$$\frac{T_{\text{b},j} - T_{\text{c},j}}{R_{\text{b-c}}} + \frac{T_{\text{b},j} - T_{\text{c},j-1}}{R_{\text{b-c}}} + \frac{T_{\text{b},j} - T_{\text{co},j}}{R_{\text{b-cool}}} = 0 \tag{6-13}$$

$$\frac{T_{\mathrm{b,1}} - T_{\mathrm{c,1}}}{R_{\mathrm{b-c}}} + \frac{T_{\mathrm{b,1}} - T_{\mathrm{co,1}}}{R_{\mathrm{b-cool}}} + q_{\mathrm{b\_endpL}} = 0 \tag{6-14}$$

$$\frac{T_{\mathrm{b},N+1} - T_{\mathrm{c},N}}{R_{\mathrm{b-c}}} + \frac{T_{\mathrm{b},N+1} - T_{\mathrm{co},N+1}}{R_{\mathrm{b-cool}}} + q_{\mathrm{b\_endpR}} = 0 \tag{6-15}$$

根据热平衡可知，边缘极板向电堆端板通过热传导方式传递的热量等于端板辐射散热及自然对流散热带走的热量，即

$$q_{\mathrm{b\_endpL}} = \frac{T_{\mathrm{b,1}} - T_{\mathrm{endpL}}}{R_{\mathrm{b-endp}}} = h_{\mathrm{amb}} A_{\mathrm{endp}} (T_{\mathrm{endpL}} - T_{\mathrm{sur}}) + \sigma \varepsilon A_{\mathrm{endp}} (T_{\mathrm{endpL}}^4 - T_{\mathrm{sur}}^4) \tag{6-16}$$

$$q_{\mathrm{b\_endpR}} = \frac{T_{\mathrm{b},N+1} - T_{\mathrm{endpR}}}{R_{\mathrm{b-endp}}} = h_{\mathrm{amb}} A_{\mathrm{endp}} (T_{\mathrm{endpR}} - T_{\mathrm{sur}}) + \sigma \varepsilon A_{\mathrm{endp}} (T_{\mathrm{endpR}}^4 - T_{\mathrm{sur}}^4) \tag{6-17}$$

经过整理可得如下方程：

$$h_{\mathrm{amb}} A_{\mathrm{endp}} (T_{\mathrm{b,1}} - q_{\mathrm{b\_endpL}} R_{\mathrm{b-endp}} - T_{\mathrm{sur}}) + \sigma \varepsilon A_{\mathrm{endp}} [(T_{\mathrm{b,1}} - q_{\mathrm{b\_endpL}} R_{\mathrm{b-endp}})^4 - T_{\mathrm{sur}}^4] - q_{\mathrm{b\_endpL}} = 0 \tag{6-18}$$

$$h_{\mathrm{amb}} A_{\mathrm{endp}} (T_{\mathrm{b},N+1} - q_{\mathrm{b\_endpR}} R_{\mathrm{b-endp}} - T_{\mathrm{sur}}) + \sigma \varepsilon A_{\mathrm{endp}} [(T_{\mathrm{b},N+1} - q_{\mathrm{b\_endpR}} R_{\mathrm{b-endp}})^4 - T_{\mathrm{sur}}^4] - q_{\mathrm{b\_endpR}} = 0 \tag{6-19}$$

另外，膜电极向双极板的热传导热阻与双极板向膜电极的热传导热阻相同，即

$$R_{\mathrm{c-b}} = R_{\mathrm{b-c}} = \frac{H_{\mathrm{mea}}}{2 k_{\mathrm{mea}} A} + \frac{H_{\mathrm{bpp}}}{2 k_{\mathrm{bpp}} A} \tag{6-20}$$

假设燃料电池堆各个零部件热传导热阻在燃料电池工作条件范围内不发生改变，定义两个常数如下：

$$R_1 = 2 R_{\mathrm{b-cool}} + R_{\mathrm{c-b}} \tag{6-21}$$

$$R_2 = R_{\mathrm{b-cool}} + R_{\mathrm{c-b}} \tag{6-22}$$

然后，热平衡方程经过整理可以改写为如下形式：

$$2 T_{\mathrm{c},j} - T_{\mathrm{b},j} - T_{\mathrm{b},j+1} = R_{\mathrm{c-b}} I (E_{\mathrm{rev}} - V_{\mathrm{cell},j}) \tag{6-23}$$

$$R_1 T_{\mathrm{b},j} - R_{\mathrm{b-cool}} T_{\mathrm{c},j-1} - R_{\mathrm{b-cool}} T_{\mathrm{c},j} = R_{\mathrm{b-c}} T_{\mathrm{co},j} \tag{6-24}$$

$$R_2 T_{\mathrm{b,1}} - R_{\mathrm{b-cool}} T_{\mathrm{c,1}} = R_{\mathrm{b-c}} T_{\mathrm{co,1}} - R_{\mathrm{b-c}} R_{\mathrm{b-cool}} q_{\mathrm{b\_endpL}} \tag{6-25}$$

$$R_2 T_{\mathrm{b},N+1} - R_{\mathrm{b-cool}} T_{\mathrm{c},N} = R_{\mathrm{b-c}} T_{\mathrm{co},N+1} - R_{\mathrm{b-c}} R_{\mathrm{b-cool}} q_{\mathrm{b\_endpR}} \tag{6-26}$$

对于 N 节单体电池的电堆而言，共有 N 节膜电极和 $N+1$ 节双极板，总共可以得到

$2N+1$ 个热平衡方程，可将这 $2N+1$ 个方程组改写成以下矩阵形式：

$$\boldsymbol{R}_{(2N+1)}\boldsymbol{T}_{(2N+1)} = \boldsymbol{M}_{(2N+1)} \tag{6-27}$$

式中，$\boldsymbol{R}_{(2N+1)}$ 为热阻矩阵；$\boldsymbol{T}_{(2N+1)}$ 为温度矩阵；$\boldsymbol{M}_{(2N+1)}$ 为常数矩阵。这三个矩阵可以写成如下形式：

$$\boldsymbol{T} = \begin{bmatrix} T_{b,1} \\ T_{b,2} \\ \vdots \\ T_{b,N+1} \\ T_{c,1} \\ T_{c,2} \\ \vdots \\ T_{c,N} \end{bmatrix} \tag{6-28}$$

$$\boldsymbol{M} = \begin{bmatrix} R_{b-c}T_{co,1} - R_{b-c}R_{b-cool}q_{b\_endpL} \\ R_{b-c}T_{co,2} \\ \vdots \\ R_{b-c}T_{co,N} \\ R_{b-c}T_{co,N+1} - R_{b-c}R_{b-cool}q_{b\_endpR} \\ I(E_{rev} - V_{cell,1})R_{c-b} \\ I(E_{rev} - V_{cell,2})R_{c-b} \\ \vdots \\ I(E_{rev} - V_{cell,N})R_{c-b} \end{bmatrix} \tag{6-29}$$

$$\boldsymbol{R} = \left[\begin{array}{ccccccc|ccccc} R_2 & 0 & 0 & 0 & \cdots & 0 & 0 & -R_{b-cool} & 0 & 0 & 0 & \cdots & 0 \\ 0 & R_1 & 0 & 0 & \cdots & 0 & 0 & -R_{b-cool} & -R_{b-cool} & 0 & 0 & \cdots & 0 \\ 0 & 0 & R_1 & 0 & \cdots & 0 & 0 & 0 & -R_{b-cool} & -R_{b-cool} & 0 & \cdots & 0 \\ \vdots & \vdots & \ddots & & \ddots & & \vdots & \vdots & & \ddots & \ddots & & \vdots \\ 0 & 0 & \cdots & 0 & 0 & R_1 & 0 & 0 & 0 & \cdots & 0 & -R_{b-cool} & -R_{b-cool} \\ 0 & 0 & \cdots & 0 & 0 & 0 & R_2 & 0 & 0 & \cdots & 0 & 0 & -R_{b-cool} \\ \hline -1 & -1 & 0 & 0 & \cdots & 0 & 0 & 2 & 0 & 0 & \cdots & 0 & 0 \\ 0 & -1 & -1 & 0 & \cdots & 0 & 0 & 0 & 2 & 0 & \cdots & 0 & 0 \\ 0 & 0 & -1 & -1 & 0 & \cdots & 0 & 0 & 0 & 2 & 0 & \cdots & 0 \\ \vdots & & \ddots & & \ddots & & \vdots & \vdots & & & \ddots & \ddots & \vdots \\ 0 & 0 & \cdots & 0 & 0 & -1 & -1 & 0 & 0 & \cdots & 0 & 0 & 2 \end{array} \right] \begin{array}{l} \left.\rule{0pt}{3.5em}\right\} N+1 \\ \\ \left.\rule{0pt}{3em}\right\} N \end{array} \tag{6-30}$$

$$\underbrace{}_{N+1} \qquad \underbrace{}_{N}$$

冷却液在双极板流道中流动带走的双极板热量会使冷却液本身温度升高，因此冷却液带走的热量可以表示为如下形式：

$$q_{coolant} = \dot{m}_{coolant} c_p (T_{in} - T_{out}) \tag{6-31}$$

式中，$\dot{m}_{coolant}$ 为冷却液流量；c_p 为冷却液比热容。

在一定温度范围内工作是优化其水热管理过程的重要目标之一。一般而言，质子交换膜燃料电池尺度越大，温度分布不均匀性也越大，其对电池性能的影响也会相应变大，因此，进行单体电池尺度下甚至电堆尺度下的质子交换膜燃料电池 CFD 数值模型仿真分析是十分重要的。质子交换膜燃料电池中能量守恒方程为

$$\frac{\partial}{\partial t}[\varepsilon s \rho_l C_{p,l} + \varepsilon(1-s)\rho_g C_{p,g}] + \nabla \cdot (\varepsilon s \rho_l u_l T + \varepsilon(1-s)\rho_g C_{p,g} u_g T) = \nabla \cdot (\kappa_e^{eff} T) + S_T \tag{6-32}$$

$$S_T = \begin{cases} \|\nabla\varphi_e\|^2 \kappa_e^{eff} & \text{极板} \\ \|\nabla\varphi_e\|^2 \kappa_e^{eff} + s_{v-l}h & \text{气体扩散层，微孔层} \\ J_a |\eta_{act}^a| + \|\nabla\varphi_e\|^2 \kappa_e^{eff} + \|\nabla\varphi_{ion}\|^2 \kappa_{ion}^{eff} + J_a \frac{\Delta S_a T}{2F} + (S_{v-l} - S_{d-v})h & \text{阳极催化剂层} \\ J_c |\eta_{act}^c| + \|\nabla\varphi_e\|^2 \kappa_e^{eff} + \|\nabla\varphi_{ion}\|^2 \kappa_{ion}^{eff} + J_c \frac{\Delta S_c T}{2F} + (S_{v-l} - S_{d-v})h & \text{阴极催化剂层} \\ \|\nabla\varphi_{ion}\|^2 \kappa_{ion}^{eff} & \text{质子交换膜} \\ S_{v-l}h & \text{流场} \end{cases} \tag{6-33}$$

随着计算域的增大，质子交换膜燃料电池单体电池热管理对水管理的影响也会随着增大。考虑到实际应用中，电堆由多个单体电池共同组成，在电堆中，会加入一些冷却流道对电池进行冷却，从而保证电池工作在一定的温度区间内。对于不同位置的单体电池，在单体电池界面分析时，需施加不同的对流热边界条件。现在大部分文献中热边界仍然以恒温边界为主，在这种情况下，热管理对电池水管理和性能的影响有可能被低估了。

第7章　燃料电池冷启动

随着全球对清洁能源的需求日益增长以及对环境保护的重视程度不断提高，燃料电池作为一种高效、清洁的能源转换装置，受到了广泛关注。然而，燃料电池在低温环境下的启动问题，即冷启动问题，成为其进一步广泛应用的关键挑战之一。以下是关于燃料电池冷启动背景的详细阐述。

在交通运输领域，燃料电池汽车被认为是减少温室气体排放和对传统燃油依赖的重要发展方向。与传统内燃机汽车相比，燃料电池汽车以氢气为燃料，通过电化学反应产生电能驱动车辆，唯一的排放物是水，具有环保优势。燃料电池需要在低温环境下正常工作，对于城市公交等公共交通工具，如果燃料电池汽车不能有效应对冷启动问题，可能会导致运营效率降低，甚至出现服务中断的情况。此外，在物流运输领域，燃料电池货车等车辆也面临类似问题，低温启动困难会影响货物运输的及时性和可靠性。

在分布式发电领域，燃料电池可以作为备用电源或为偏远地区提供电力。在寒冷气候条件下的偏远地区，如极地科考站、山区通信基站等，这些地方往往依赖于稳定的电力供应。燃料电池若无法顺利冷启动，将影响其作为可靠电源的功能，可能导致通信中断、科研数据丢失等严重后果。而且，分布式发电系统需要具备应对各种环境条件的能力，冷启动性能不佳会限制燃料电池在更广泛地域的应用，降低其作为分布式能源解决方案的吸引力。

从技术发展角度来看，目前燃料电池技术正朝着提高效率、降低成本和增强耐久性的方向发展。但冷启动问题的存在对这些目标产生了阻碍。在低温环境下，燃料电池中的水管理变得极为复杂。燃料电池内部的质子交换膜需要一定的湿度来保证质子传导性，但低温可能导致生成的水结冰，堵塞气体扩散通道、催化剂层等关键部件，从而影响电池的性能和启动。例如，冰晶的形成会阻碍气体的扩散，使反应气体无法顺利到达催化剂表面，进而降低电化学反应的效率。而且，在反复的冷启动过程中如果水结冰问题得不到有效解决，可能会对燃料电池的结构造成损害，影响其耐久性，增加维护成本和缩短使用寿命。

另外，全球不同地区的气候差异巨大，从寒冷的高纬度地区到温暖的热带地区都有燃料电池潜在的应用场景。为了使燃料电池技术能够在全球范围内推广，必须解决冷启动问题，以适应不同气候条件下的使用要求。无论是在北欧的严寒环境，还是在加拿大的寒冷冬季，燃料电池都需要具备可靠的冷启动能力，这样才能充分发挥其作为清洁能源转换装置的优势，在能源转型过程中承担起更重要的角色。

综上所述，燃料电池冷启动问题的解决，对于燃料电池在多个领域的广泛应用、技术发展以及适应全球不同气候条件都有着至关重要的作用，是当前燃料电池研究和开发中亟待解决的关键问题之一。

7.1 燃料电池水冰相变过程

燃料电池在低温环境下，内部水冰相变过程复杂且关键，对其性能和寿命影响重大。燃料电池由质子交换膜、电极（含催化剂层和气体扩散层）、双极板等构成，水在其中有气态、液态、固态三种形式。低温环境中 PEMFC 内各部件水的状态如图 7-1 所示。质子交换膜需一定含水量维持质子传导性，低温下膜内水易结冰导致传导率下降；电极中催化剂层的水参与反应，低温结冰会阻碍反应气体与催化剂接触，气体扩散层孔隙中的水结冰会堵塞孔隙，影响气体扩散；双极板表面液态水低温下结冰会影响接触电阻和热传递。

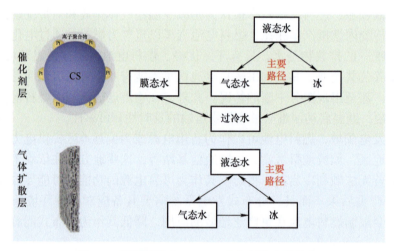

图 7-1　低温环境中 PEMFC 内各部件水的状态

低温下水冰相变的触发条件包括温度、含水量与分布、运行状态。温度是关键因素，环境温度低于水的冰点时，内部液态水有结冰趋势，不同部位因环境和材料热特性差异，结冰温度可能不同。含水量与分布方面，含水量高或分布不均会使局部更易结冰，如气体扩散层局部孔隙水多的区域低温下先结冰。运行状态方面，高电流密度会使更多水生成，低温下更易结冰，反应气体流量变化会影响温度分布和水传输，进而影响相变。

水冰相变过程分多个阶段。首先是过冷水形成阶段，温度降低初期，因缺乏成核位点，水虽低于冰点但呈液态的过冷状态，这种亚稳态的过冷水受外界扰动（如温度波动、材料表面缺陷）时会迅速结冰。接着是冰晶成核阶段，过冷水满足条件时冰晶开始成核，可分为均质成核和异质成核，燃料电池中异质成核更常见，气体扩散层碳纤维表面、质子交换膜杂质处易成为成核位点。然后是冰晶生长阶段，晶核形成后，水分子不断聚集使冰晶生长，生长方向和速度受温度梯度、水浓度梯度影响，冰晶可能从气体扩散层向质子交换膜生长或在膜内扩展，阻塞质子和气体扩散通道。最后是相变平衡阶段，水大部分转化为冰或达到动态平衡，仍可能有少量液态水或过冷水与冰平衡，受温度、压力等持续影响。

水冰相变对燃料电池性能影响显著。在质子传导方面，质子交换膜内水结冰使传导率大幅降低，质子在冰中传导困难，导致输出电压和功率下降，膜内冰晶生长还会破坏膜结构，恶化传导性能。对于气体扩散，气体扩散层和催化剂层的冰晶堵塞孔隙，阻碍氢气、氧气等反应气体扩散，使反应无法正常进行，降低反应效率，还会引起局部反应气体浓度异常，影响性能稳定性。在电池启动方面，低温启动时水冰相变问题严重，若内部有大量冰，启动需额外能量融冰，冰未完全融化前电池无法工作，导致启动时间延长甚至无法启动。

应对低温下水冰相变可采取多种策略。一是改进材料，研发低温性能更好的质子交换膜、气体扩散层和电极材料，如开发低冰点质子交换膜或能抑制冰晶生长的气体扩散层材料；二是优化水管理系统，通过改进燃料电池结构和运行参数控制内部水的含量和分布，可设置排水通道、湿度调节装置等减少局部水积聚，降低结冰可能性；三是采用外部加热措施，低温启动时用加热片、热空气吹扫等对燃料电池预热，加速冰的融化，减轻水冰相变对启动的影响。总之，低温下燃料电池内部水冰相变过程复杂，深入研究并采取相应措施可提高其低温性能和可靠性，推动在低温场景的应用，未来还需深入探究微观机制和开发更有效策略以满足不同低温环境需求。

7.2　燃料电池冷启动过程

为了提高质子交换膜燃料电池（PEMFC）在低温环境下的适应性和可靠性，相关研究人员对其低温冷启动方式进行了深入探索。目前，PEMFC 低温冷启动方式主要可以分为直接冷启动和辅助冷启动两种方式，这两种方式在多孔介质内热质传递过程方面存在显著差异，各自具有其特点和优缺点。

首先来看直接冷启动过程，它本质上是一种电化学产热方式。在这种启动方式下，不需要外部能量的输入，完全依靠电化学反应产生的电化学热来直接启动。在这个过程中，PEMFC 内部的物质发生复杂的电化学反应，在特定的条件下产生热量。这种方式有着诸多优点，例如系统相对简单，由于没有额外的外部加热设备或复杂的辅助装置，整个系统的构成更加简洁明了，减少了可能出现故障的部件数量。而且，这种简单的系统结构有助于提高系统效率，能量在产生和利用过程中的损耗相对较小。从成本角度来看，直接冷启动方式也具有优势，没有外部加热设备的采购、安装和维护成本，使得整个 PEMFC 系统的成本得到有效控制。

然而，直接冷启动方式并非完美无缺，它对 PEMFC 部件有着极高的要求。因为没有外部能量的辅助，PEMFC 的各个部件需要具备出色的性能来承受电化学反应产生的热量和应力。例如，质子交换膜需要在低温下仍能保持良好的质子传导性，同时要能够耐受电化学反应热可能带来的温度变化影响，否则可能会出现膜的破裂或性能下降等问题。气体扩散层也需要有合适的孔隙结构和材料特性，以保证气体在低温下能够顺利扩散到反应位点，同时要能承受电化学反应过程中的热冲击。此外，这种方式的环境适应性较差，当外界环境温度过低或者环境条件复杂多变时，仅依靠电化学热可能无法满足冷启动的热量需求。由于这些因素的限制，直接冷启动在实际应用中冷启动失败的概率相对较高，这对 PEMFC 在低温环境下的可靠运行带来了挑战。

再看辅助冷启动过程，它是通过外部热源加热的方式，包括高温加热、热空气吹扫等多种不同的具体加热方式来启动 PEMFC。在高温加热方式中，外部加热器对 PEMFC 的双极板等部分进行加热，热量通过传导逐渐传递到气体流道、气体扩散层、微孔层和催化剂层等部位，从而融化可能存在的固态冰。热空气吹扫则是将热空气通入气体流道，利用热空气的热量来融化冰并带走液态水。这种辅助冷启动方式能够有效提高 PEMFC 冷启动的成功率，在低温环境下可以为 PEMFC 提供足够的热量，确保冷启动过程顺利进行。不过，这种方式也存在一定的局限性，那就是会增加系统的复杂度。由于引入了外部加热设备和相应的控制系统，整个 PEMFC 系统的结构变得更加复杂，增加了系统出现故障的可能性。同时，外部加热设备的采购、安装、维护以及运行成本也使得整个系统的成本上升，这在一定程度上限制了这种冷启动方式的广泛应用。

7.2.1 外部热源加热下燃料电池内多相流动和相变传热机理

对于高温加热，从图 7-2 可知，先是通过外部加热器或冷却流道对双极板加热，这一阶段外部热源的参数如加热器温度、冷却流道流体流速等十分关键，会影响双极板性能和加热效果。之后热量从双极板传向气体流道、气体扩散层（GDL）、微孔层（MPL）和催化剂层（CL），因各部分材料热导率差异和界面热阻，热量传递复杂且可能不均匀，需研究材料微观结构和热传递特性。而在固态冰融化环节，这一过程对冷启动意义重大，冰融化吸热影响温度分布，产生的液态水填充孔隙，改变流体分布和流动特性，若液态水积聚或再结冰会损害 PEMFC，所以加热速率和温度的合理控制很重要。热空气吹扫方面，热空气的温度、流速和湿度对吹扫效果影响大。合适温度能融化冰块，不当的温度会损伤部件；适当流速可保证热空气均匀分布，流速过快、过慢都存在问题；湿度高可能会凝结水珠。热空气与冰块接触后，在动态热交换中使冰融化，液态水在吹扫作用下排出，如图 7-3 所示。

这两种加热模式各有优劣，高温加热相对稳定，但存在局部过热风险，对热量在多孔介质内均匀分布要求高；热空气吹扫更灵活，可通过调整参数适应不同工况，能同时融化冰和排出液态水，但对热空气供应系统要求高。在实际冷启动中，可将二者综合应用，先利用高温加热双极板使冰融化，再用热空气吹扫融化剩余冰块并排水，同时可根据 PEMFC 的实际状态如温度、冰的分布等动态调整参数。

无论是高温加热还是热空气吹扫的热质传递过程，都对 PEMFC 的性能和寿命有重要影响。若冷启动时热质传递顺利，PEMFC 性能可恢复正常，若出现问题，如气体流道堵塞等，性能会下降，而且温度不均匀会影响催化剂层效率。在寿命方面，高温加热不当会损坏双极板，热空气吹扫参数控制不好会损害 GDL、MPL 和 CL 等部件，多次不合理的冷启动热质传递会逐渐累积损害，所以优化热质传递过程对延长 PEMFC 寿命至关重要。这一系列研究也为提高 PEMFC 在复杂工况下的性能和可靠性提供了有力支持。

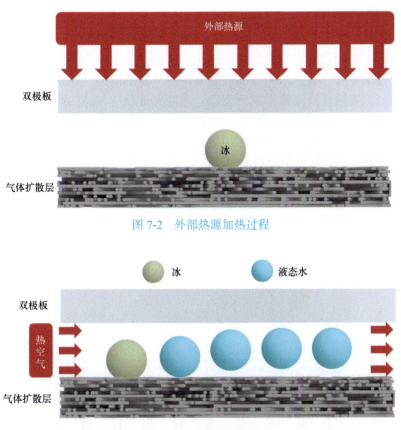

图 7-2　外部热源加热过程

图 7-3　热空气吹扫过程

7.2.2　电化学产热下燃料电池内多相流动和相变传热机理

如图 7-4 所示，该方式具体的过程较为复杂且环环相扣。首先，氧气等反应物通入流道中，这是整个电化学产热过程的起始步骤。反应物的通入需要保证一定的流量和压力条件，以确保后续反应的顺利进行。若通入的反应物流量不足，可能会导致反应速率降低，无法产生足够的热量来融化固态冰；若压力过大，则可能对流道等部件造成损害。在这个过程中，流道的设计和材料特性也会影响反应物的分布情况，良好的流道设计能够使反应物更加均匀地分布在其中。

接着，氧气通过 GDL 和 MPL 到达 CL 中。这一阶段，GDL、MPL 的孔隙结构和材料的透气性对氧气的传输有着关键影响。它们需要具备合适的孔隙率和孔径大小，以允许氧气顺利通过。如果孔隙率过低或者孔径过小，氧气的传输就会受到阻碍，影响后续反应的发生。而后在离聚物内的三相反应面发生电化学反应，这是整个过程的核心环节。在这个三相反应面，多种物质和条件相互作用，电化学反应在此处高效进行，并生成电化学反应热。这一热量的产生是融化 CL 内固态冰的关键，热量的多少取决于电化学反应的速率和效率。

随着 CL 内固态冰的融化，热量逐渐传递到 GDL 和流道内。这是一个热量传导的过程，不同部件之间的热导率差异决定了热量传递的速度和效率。GDL 和流道的材料热导率需要与整个系统相匹配，以保证热量能够有效地从 CL 传递过来。在这个过程中，热量传递的均匀性也非常重要，如果热量分布不均匀，可能会导致部分固态冰无法及时融化，影响后续冷启动的效果。当固态冰完全融化成液态水后被去除，这一步骤对于整个冷启动的成功与否有着决定性的意义。液态水的存在会阻塞反应气体的通道，使得反应气体无法完全进入催化剂层中。只有确保液态水被完全去除，才能保证反应气体的顺畅传输，从而使得冷启动成功。整个电化学产热过程涉及多个物理和化学过程的协同作用，每一个环节都紧密相连，任何一个环节出现问题都可能影响最终的冷启动效果，因此需要对各个环节进行深入研究和精细控制，以优化整个冷启动过程。

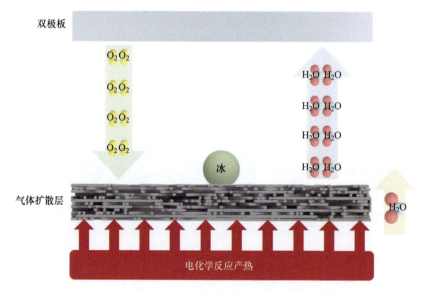

图 7-4　PEMFC 直接冷启动过程

7.3　燃料电池水冰相变测试方法

为了深入探究质子交换膜燃料电池（PEMFC）实际运行过程中水冰相变传热机理，并为数值计算模型构建提供坚实的理论依据，众多学者投身于低温环境下 PEMFC 内水冰相变过程的实验研究。这一研究方向对于提升 PEMFC 在低温条件下的性能、优化其设计以及拓展其应用范围具有至关重要的意义。

现阶段，针对 PEMFC 内冰的可视化研究已成为该领域的热点之一，且可以清晰地分为两大类：直接观测法和间接观测法。

7.3.1　直接观测法

直接观测法采用透明部件代替实际 PEMFC 部件，然后直接运用高速摄影成像技术进行观测。这种方法具有独特的优势。首先，透明部件的使用使得研究人员能够直观地观察到水冰相变的过程。例如，通过精心设计的透明质子交换膜、气体扩散层等部件，可以清晰地看到冰晶的形成、生长以及形态变化。高速摄影成像技术则能够捕捉到这些瞬间的变化，以极高的帧率记录下水冰相变过程中的细微动态。这就如同为研究人员打开了一扇观察微观世界的窗户，让他们可以深入了解冰晶在多孔介质中的成核位点、生长方向以及生长速度等关键信息。

其次，这种方法相对较为便捷。在实验设置方面，不需要复杂的大型设备，只需搭建一个能够稳定放置透明部件的实验台，并配备合适的高速摄影设备即可。这使得更多的研究团队可以在相对较低的成本下开展相关研究。此外，通过改变实验条件，如温度、湿度、气体流量等，可以方便地研究这些因素对水冰相变过程的影响。例如，降低温度可以观察到冰晶形成速度的变化，增加气体流量则可以探究其对冰晶生长方向的影响。采用透明部件代替实际 PEMFC 部件是这一可视化研究方法的核心策略。对于质子交换膜，需要精心挑选或设计具有类似质子传导性能且透明的材料。在材料选择上，一些特殊的聚合物材料展现出了潜力。这些聚合物经过改性或特殊合成，能够在一定程度上模拟质子交换膜的质子传导功能。例如，某些含有磺酸基团的透明聚合物，其磺酸基团可以提供质子传导的位点，同时材料本身的透明性便于观察。在设计过程中，要考虑材料的化学稳定性，确保在燃料电池的复杂化学环境中不会发生降解或与其他物质发生不良反应。此外，材料在低温下的物理性能也至关重要，如热膨胀系数要与其他部件相匹配，以避免因温度变化产生过大的应力。

气体扩散层的透明替代材料主要关注其孔隙结构和气体传输特性。透明的多孔材料是研究重点，这些材料的孔隙率和孔径大小需要与实际气体扩散层相近。通过调整制备工艺参数，如烧结温度、添加剂的种类和含量等，可以制造出不同孔隙率和孔径的透明气体扩散层。例如，采用溶胶 - 凝胶法制备的透明多孔陶瓷材料，通过控制凝胶化过程和烧结过程，可以精确调控孔隙结构。这种透明气体扩散层能够模拟实际气体扩散层中气体和水的传输，为研究水冰在其中的相变过程提供了良好的模型。

对于双极板，透明导电材料的研发是实现可视化观察的关键。透明导电聚合物是一类有前景的材料，它们可以在保持一定透明度的同时传导电流。一些基于聚噻吩、聚苯胺等导电聚合物的复合材料，通过优化掺杂剂和制备工艺，可以获得合适的导电性能和透明度。此外，经过特殊处理的导电玻璃也被应用于双极板的模拟，其表面的导电涂层和透明基体的结合可以满足实验对双极板的功能要求，使研究人员能够观察水冰在双极板表面及附近区域的行为。

这种采用透明部件和高速摄影成像的可视化研究方法具有显著的优势。首先，其直观性强，能够直接观察到水冰相变的整个过程，为研究人员提供了最直接的信息。这种直观的观察方式有助于快速理解水冰相变的基本规律和特点。其次，实验装置相对简单，成本较低。与其他复杂的成像技术相比，高速摄影设备和透明部件的搭建不需要大型的、昂贵的特殊仪器设备，使得更多的研究团队能够开展相关研究。此外，实验的可重复性高，可以方便地改变实验条件，如温度、湿度、气体流量等，来研究这些因素对水冰相变过程的影响。

然而，这种方法也存在一定的局限性。一方面，透明部件与实际 PEMFC 部件在性能上可能存在一定的差异。尽管在设计和选择透明部件时尽量模拟实际部件的功能，但仍然难以完全复制实际部件的所有特性。例如，透明质子交换膜材料在质子传导性能上可能与实际的质子交换膜存在细微差别，这可能会对水冰相变过程产生一定的影响。另一方面，高速摄影成像技术在观察微观尺度下的水冰相变细节方面存在一定的限制。对于一些非常微小的冰晶成核和初期生长过程，可能无法获得足够清晰的图像，尤其是在分子水平上的水冰相互作用难以通过这种方法进行深入观察。

7.3.2　间接观测法

中子成像技术是一种强大的无损检测技术，其原理基于中子与物质的相互作用。中子具有穿透性强的特点，能够穿透 PEMFC 的金属部件等对 X 射线不透明的材料。在 PEMFC 内冰的观测中，中子与氢原子有很强的相互作用，而冰中的水分子含有大量的氢原子。当一束中子束穿过 PEMFC 时，冰中的氢原子会使中子的强度和方向发生变化，通过探测器检测这些变化，并经过计算机处理后可以得到 PEMFC 内部冰的分布图像。

在实验过程中，PEMFC 被放置在中子源和探测器之间，通过控制中子源的强度、能量和照射时间等参数，可以获得不同分辨率和对比度的图像。这种技术可以清晰地显示出冰在 PEMFC 各个部件内的分布情况，包括在质子交换膜、气体扩散层、双极板以及它们之间的界面处的冰的形态和数量。例如，在研究低温启动过程中，中子成像可以实时监测冰在 PEMFC 内的形成和融化过程，为理解低温启动机制提供直观的数据。

同步 X 成像技术利用了 X 射线与物质相互作用的原理。当 X 射线穿过 PEMFC 时，不同物质对 X 射线的吸收和散射程度不同，根据探测器接收到的 X 射线强度和分布信息，可以重建出 PEMFC 内部的结构图像。对于冰的观测，同步 X 成像技术具有高分辨率的优势，可以清晰地显示出冰在微观尺度上的结构特征。

在同步 X 成像实验中，通过调整 X 射线的能量、光斑大小和扫描速度等参数，可以对 PEMFC 内部不同区域进行详细的成像。这种技术对于研究冰在不同材料界面处的行为非常有效。例如，在质子交换膜和气体扩散层的界面处，同步 X 成像可以显示出冰的生长方向、与界面的相互作用以及对界面结构的影响。同时，由于 X 射线可以在短时间内对大面积区域进行扫描，因此可以获得 PEMFC 内部整体的冰分布情况，为研究水冰相变的宏观规律提供依据。

中子成像和同步 X 成像技术在 PEMFC 内冰的可视化研究中具有独特的优势。首先，它们能够获得与实际运行情况相符的冰生成过程图像，为研究人员提供高精度、高分辨率的信息。这些信息对于深入理解水冰相变在实际 PEMFC 中的发生机制至关重要。其次，这两种技术可以穿透金属等不透明部件，实现对整个 PEMFC 内部的观测，避免了因部件遮挡而导致的观测盲区。

然而，这两种技术也存在明显的局限性。一方面，中子成像和同步 X 成像设备本身造价高昂，需要专门的实验室和专业的操作人员来维护和使用。这不仅需要大量的资金投入，而且限制了其广泛应用，只有少数具备条件的研究机构能够开展相关研究。另一方面，使用这些技术进行实验需要耗费大量的时间。从实验准备、数据采集到后续的分析处理，每一个环节都需要精心安排和长时间等待。例如，一次中子成像实验可能需要数小时甚至数天的时间来完成数据采集，而且数据处理过程也非常复杂，需要专业的软件和算法来提取有用的信息。这对于研究效率来说是一个巨大的挑战，限制了实验的频率和可研究的样本数量。

燃料电池水冰相变可视化如图 7-5 所示。

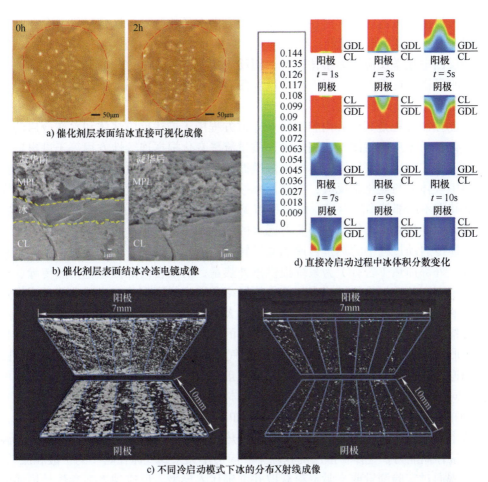

a) 催化剂层表面结冰直接可视化成像

b) 催化剂层表面结冰冷冻电镜成像

d) 直接冷启动过程中冰体积分数变化

c) 不同冷启动模式下冰的分布X射线成像

图 7-5　燃料电池水冰相变可视化

7.4　燃料电池冷启动建模

7.4.1　一维宏观模型

燃料电池冷启动一维宏观模型是应对燃料电池在低温环境下冷启动这一关键挑战的重要研究工具。在低温环境下，燃料电池面临诸多问题，水结冰会阻塞气体扩散通道和质子传导通道，气体扩散层中的冰晶阻碍氢气、氧气向催化剂层扩散，使电化学反应无法正常进行，质子交换膜内的冰降低质子传导率，影响电池输出性能，同时低温还会改变电池内部材料性质，如降低催化剂活性。这些复杂问题相互交织，使得冷启动极为困难，而成功的冷启动对于燃料电池在寒冷地区应用至关重要。

一维宏观模型基于一些基本假设来简化复杂的冷启动过程。其一是一维空间假设，认为燃料电池冷启动过程中的各种物理和化学变化主要沿从气体流道经过气体扩散层、催化剂层到质子交换膜的方向进行。尽管实际情况是三维的，但在流动相对均匀且电池几何结构在某一方向有对称性等条件下，这种一维方向的变化可主导冷启动过程。其二是均匀性假设，即假设燃料电池各个部件在垂直于一维方向上是均匀的。虽实际材料存在微观不均匀性，但在宏观尺度上该假设能反映整体变化趋势并简化数学描述。其三是集总参数假设，将催化剂层内电化学反应视为整体过程，用反应速率常数、活化能等关键参数描述。这种假设虽忽略了微观局部差异，但能在宏观层面有效描述反应总体效果，便于分析冷启动的能量和物质变化。

模型的控制方程是其核心内容。质量守恒方程用于描述反应气体和水在冷启动过程中的质量变化，对于反应气体，在流道中其质量流量变化根据连续性方程等于进出口质量流量差，在气体扩散层中氢气等气体的扩散遵循菲克定律，扩散通量与浓度梯度成正比，在催化剂层中气体参与电化学反应，消耗速率按反应动力学方程计算；对于水，质量守恒方程要考虑其在不同部件中的生成、传输和相变，在质子交换膜中，水的传输包括电渗拖曳、扩散和压力驱动的对流，低温下还要考虑水的结冰和融化过程。能量守恒方程也是关键之一，它描述冷启动过程中的热量传递和能量转换。电化学反应产生热量根据反应热和反应速率计算，外部加热（若有）为系统提供额外热量，热量在内部传递包括热传导、对流和相变潜热，不同部件间热传导速率与部件热导率和温度梯度有关，流道内的对流换热也需考虑，水的相变（结冰和融化）吸收或释放的大量潜热在方程中也有重要体现。动量守恒方程主要描述反应气体在流道和气体扩散层中的流动，流道中气体流动用纳维 – 斯托克斯方程简化形式描述，考虑压力差、黏性力等对气体流动的影响，气体扩散层中因多孔结构，气体流动遵循达西定律，即流速与压力梯度成正比、与渗透率成反比，求解此方程可得到气体在不同区域的流速分布，这对分析反应气体供应和物质传输至关重要。

模型中的关键参数包括材料特性参数，如各个部件的热导率、密度、比热容、孔隙率、渗透率等。质子交换膜的热导率影响膜内热量传递速度，其密度和比热容影响温度变化时的能量存储能力，气体扩散层的孔隙率和渗透率关系到气体在其中的扩散和流动特性，这些参数需通过实验测量或文献资料获取并准确代入模型。反应动力学参数是描述电化学反应速率和机理的关键，如氢气和氧气在催化剂层上的反应速率常数、活化能、交换电流密度等。它们与温度密切相关，低温下会显著变化，从而影响反应速率和启动性能，其值通常要通过实验研究或理论模型计算获得。相变相关参数在冷启动中也很重要，包括水的冰点、熔点、相变潜热等，在不同压力和材料环境下这些参数可能有变化，例如，质子交换膜内水的冰点可能因膜的化学结构和水的相互作用而略有降低。准确考虑这些参数能更好地模拟冰的形成和融化过程。

模型的求解常采用数值解法，由于其控制方程是复杂偏微分方程，很难得到解析解。常用的有限差分法将空间和时间离散化，把偏微分方程转化为差分方程求解，如对能量守恒方程，可沿燃料电池一维方向将其划分为多个网格，在每个网格点按差分格式计算温度变化。有限元法则是将求解区域划分为多个小单元，通过在每个单元建立近似解来求解整个区域的解，这些数值方法能有效处理复杂边界条件和非线性问题。求解过程还需采用迭代方法，先给定初始条件，如初始温度、初始气体浓度、初始冰的分布等，然后根据控制方程计算下一个时间步长或空间位置的变量值，计算中不断更新变量，直到满足收敛条件，如温度、浓度等变量在连续几个时间步长内变化小于设定阈值，迭代时要注意选择合适的时间步长和空间步长以保证求解的稳定性和准确性。

模型有着广泛的应用，在冷启动过程分析方面，它可模拟燃料电池在低温条件下的冷启动，分析温度、压力、反应气体流量等因素对冷启动时间、启动成功率、电池性能等的影响，例如改变外部加热功率可研究加热速率对冷启动的作用，模拟结果能直观显示冷启动中电池内部温度、冰的反应、气体浓度分布等变化情况，为优化冷启动策略提供理论依据。在与实验结果的对比验证上，为验证模型准确性，要将计算结果与实验结果对比，实验中可在燃料电池上安装温度传感器、压力传感器、可视化设备等测量冷启动参数，将这些实验数据与模型计算的温度分布、压力变化、冰的融化情况等比较。若结果吻合较好，说明模型可靠，可用于进一步研究和分析；若有偏差则需改进模型，检查假设、参数取值等是否合理。

该模型有其优势与局限性。优势在于其相对简单和计算效率高，通过合理假设和简化，能在较短时间内模拟和分析冷启动过程，快速研究不同参数影响，为实验设计和优化提供指导，同时能在宏观层面捕捉冷启动的主要物理和化学现象，对理解冷启动基本原理和趋势有益。然而，模型也有局限性，由于一维空间假设和均匀性假设，它无法准确描述燃料电池内部三维复杂结构和微观不均匀性对冷启动的影响。例如，实际气体扩散层孔隙结构在三维空间不均匀，可能导致局部气体积聚或冰的不均匀分布，这在一维模型中无法很好体现，此外集总参数假设可能忽略微观尺度上的重要物理和化学过程，影响模型对冷启动过程的精确模拟，在实际应用中要充分认识这些局限性，并结合实验研究和更复杂模型进一步完善对燃料电池冷启动过程的理解。总之，燃料电池冷启动一维宏观模型在研究燃料电池低温启动问题中有着重要地位，虽有不足，但在理解原理、研究参数影响和指导实验设计等方面发挥了关键作用。随着研究深入，未来可进一步改进完善，使其更准确反映实际冷启动过程，为燃料电池低温应用提供有力支持。

7.4.2　多维宏观模型

燃料电池冷启动多维宏观模型是现代燃料电池研究领域中一项极具价值的工具，它为深入理解和有效解决燃料电池在低温环境下启动这一复杂问题提供了全面且精细的分析手段，对于推动燃料电池技术在寒冷条件下的应用有着至关重要的作用。

在低温环境下启动燃料电池面临诸多严峻挑战。水在低温下结冰，会对燃料电池的性能产生极大的负面影响。在气体扩散层，冰晶的形成会严重阻碍反应气体（氢气和氧气）的扩散通道，使气体无法顺利到达催化剂层，进而导致电化学反应无法正常进行。而在质子交换膜内，冰的存在会大幅降低质子传导率，破坏质子传导通道的顺畅性，从而严重影响电池的输出性能。此外，低温还会改变电池内部各种材料的物理和化学性质，例如使催化剂的活性降低，进一步恶化电池的启动和运行性能。这些复杂的现象相互交织，使得燃料电池冷启动过程变得极为复杂和困难，而燃料电池冷启动多维宏观模型正是为应对这些挑战而发展起来的。

燃料电池冷启动多维宏观模型基于对实际物理化学过程更准确的描述而构建。与一维宏观模型不同，它充分考虑了多个维度上的变化，不再局限于简单的单向假设。在质量守恒方程方面，多维模型对于冷启动过程中反应气体和水在三维甚至更多维度空间内的质量变化有着更精确的表述。对于反应气体，无论是在气体流道、气体扩散层还是催化剂层，其质量流量的变化都在多个维度上受到多种因素的影响。在气体流道中，气体在各个方向上的流动速度不同，质量流量的变化需要综合考虑不同方向上的流速、压力差以及与壁面的相互作用等因素。在气体扩散层这一多孔介质内，气体的扩散不能再用简单的一维扩散定律来描述，而是要依据多维的扩散方程，考虑各个方向上的浓度梯度、孔隙结构的不均匀性以及气体与多孔介质之间的相互作用。在催化剂层，气体参与电化学反应，其消耗速率在多维模型中与三维空间内的反应活性分布密切相关，因为实际的催化剂层表面反应活性并非均匀一致，不同位置受到温度、气体浓度、电场分布等多种因素的综合影响，这种多维的考虑使得对反应气体消耗的模拟更加贴近实际情况。对于水的质量守恒，在质子交换膜、气体扩散层以及其他部件中，水的传输过程在多维空间内呈现出复杂的特性。除了电渗拖曳、扩散和压力驱动的对流等基本传输方式外，水在多个维度上的相互作用以及在不同位置的积聚和分布对燃料电池冷启动的影响至关重要。例如，在局部低温区域水可能更容易结冰，而这种结冰情况在三维空间内的分布会对质子传导和气体扩散产生不同程度的阻碍，多维模型能够更准确地捕捉这些复杂的水传输和相变现象。

在能量守恒方程方面，冷启动多维宏观模型有着更全面的考量。燃料电池冷启动过程中的热量产生、传递和转换是一个高度复杂的多维过程。电化学反应产生的热量在三维空间内的分布是极不均匀的，这取决于多个因素。在电极表面，由于催化活性在不同位置存在差异，电化学反应速率不同，从而导致局部热量产生量有很大变化。而且，这种不均匀的热量产生在多个维度上，与其他物理过程相互作用。外部加热（如果存在）对系统的热量输入在多维模型中需要考虑其在整个三维空间内的传递和分布特性。热量在燃料电池内部的传递方式包括热传导、对流和相变潜热，在多维情况下，热传导需要考虑各个方向上的热导率和温度梯度的变化。对于不同部件之间的界面处，热传导的连续性条件在三维空间中需要更精确的描述，因为界面的热传递特性在不同方向上可能不同。对流换热在三维空间内变得更加复杂，气体在流道和多孔介质中的流动会引起热量在各个方向上的传递，而且这种流动在不同方向上的速度和温度分布相互影响。例如，在具有复杂几何形状的流道或非均匀的气体扩散层中，对流换热的方向和强度在不同位置变化很大，这需要在模型中精确体现。此外，水的相变潜热在多维空间内的处理是一个关键且复杂的部分。在冷启动过程中，冰的形成和融化在不同位置可能不同步，这会导致局部温度和能量变化的差异，进而影响整个燃料电池的性能。这种相变过程在三维空间内的不均匀性需要通过多维宏观模型准确模拟，考虑到水在不同位置的温度、压力以及与周围材料的相互作用等因素。

动量守恒方程在燃料电池冷启动多维宏观模型中也有更深入的拓展。在三维空间内，反应气体在流道和气体扩散层中的流动是一个复杂的矢量问题。在流道中，气体的流动需要用完整的纳维 - 斯托克斯方程来描述，考虑到压力、黏性力、惯性力以及其他作用力在各个方向上的分量。气体在流道中的速度分布在不同方向上可能存在很大差异，尤其是在复杂几何形状的流道中，如具有弯道、分支或者变截面的流道。在气体扩散层这种多孔介质中，气体的流动不再简单地遵循一维的达西定律，而是要考虑三维渗透率的变化以及各个方向上的压力梯度对气体流速的影响。由于气体扩散层的孔隙结构在三维空间内是不均匀的，不同方向上的渗透率可能不同，这使得气体在其中的流动路径和速度分布变得非常复杂。而且，气体在多孔介质中的流动还会与其他物理过程相互作用，例如与热量传递和水的传输相互影响，气体的流动会改变温度和水的分布，而温度和水的分布又会反过来影响气体的流动特性，这种相互作用在多维模型中需要全面考虑。

燃料电池冷启动多维宏观模型中的参数确定相比一维模型更加复杂和精细。在材料特性参数方面，各个部件的热导率、密度、比热容、孔隙率、渗透率等在三维空间内不再是常数，而是可能随位置变化的函数。例如，质子交换膜在不同区域可能由于制造工艺或者局部环境的影响，其热导率和孔隙率存在差异。气体扩散层在三维空间内的孔隙结构不均匀，导致其渗透率在不同方向和不同位置都有变化，这些参数的准确获取需要借助先进的实验技术，如三维成像技术、微观结构分析等方法，以获得更贴近实际情况的数据。反应动力学参数在多维空间内的描述也更加复杂，氢气和氧气在催化剂层上的反应速率常数、活化能、交换电流密度等不仅与温度有关，还与局部的气体浓度、电极表面结构以及电场分布等因素相关。这些参数在不同位置的变化需要深入的实验研究和理论建模来确定，以保证模型对催化剂层内电化学反应的准确模拟。相变相关参数在多维情况下，水的冰点、熔点、相变潜热等除了受温度和压力影响外，还会受到局部材料成分、电场以及其他物理化学因素的影响，这使得在三维空间内准确描述水的相变过程需要更全面的考虑，需要综合考虑多种因素的相互作用。

在求解方法上，燃料电池冷启动多维宏观模型面临巨大挑战。由于其控制方程是多维的偏微分方程组，解析解几乎无法获得，因此主要依赖数值解法。常用的数值方法（如有限差分法、有限元法）在处理多维问题时需要更庞大的计算资源和更精细的网格划分。有限差分法在多维空间的离散化需要考虑更多的网格点和差分格式，以保证计算的准确性和稳定性；在时间步长和空间的选择上，需要更加谨慎，因为多维问题更容易出现数值不稳定的情况。有限元法在处理多维复杂几何形状和非均匀材料特性时具有优势，但也需要更复杂的网格生成技术和更多的计算时间。此外，为了求解这些多维方程组，往往需要采用更先进的迭代算法和并行计算技术，以提高计算效率。在迭代求解过程中，初始条件的设置不仅包括整个多维空间内的温度、气体浓度、冰的分布等，而且需要考虑不同边界条件在多维空间的设置，这些边界条件可能是复杂的函数形式，反映了燃料电池与外界环境的热交换、气体供应等实际情况。

燃料电池冷启动多维宏观模型的应用广泛且意义重大。在燃料电池的设计阶段，它可以帮助工程师更好地优化电池的结构，例如设计更合理的流道形状、气体扩散层的孔隙结构以及质子交换膜的厚度和组成。通过模拟不同设计方案下的多维物理化学过程，可以预测电池的性能，包括功率密度、效率、启动性能等，从而选择最优的设计。在燃料电池的故障诊断方面，多维模型可以模拟故障状态下（如局部过热、气体泄漏、水管理问题等）电池内部的变化，通过与正常运行状态下的模拟结果对比，可以更准确地确定故障的位置和原因。在燃料电池的性能优化方面，利用多维模型可以研究不同操作条件（如温度、压力、气体流量等）在多维空间内对电池性能的影响，从而制定更合理的操作策略，提高燃料电池在不同工况下的性能和稳定性。

然而，燃料电池冷启动多维宏观模型也存在一定的局限性。首先，尽管它能够比一维模型更准确地描述宏观层面的现象，但仍然无法详细描述一些微观尺度的现象，如催化剂表面的原子级反应过程、质子在膜内的微观传输机制等。其次，模型的复杂性导致其计算成本非常高，需要大量的计算资源和时间，这限制了它在一些实时控制和快速设计评估中的应用。此外，模型中的一些参数和假设仍然存在一定的不确定性，需要进一步的实验研究和理论改进来提高模型的准确性。但总体而言，燃料电池冷启动多维宏观模型为燃料电池技术在低温环境下的发展提供了更深入、更全面的分析工具，随着计算技术和实验技术的不断进步，其应用前景将更加广阔。

7.4.3 多维介观模型

燃料电池冷启动多维介观模型是燃料电池研究领域的前沿工具，为理解和解决燃料电池冷启动这一复杂难题提供了独特视角和有效途径，对于推动燃料电池在低温条件下的成功启动和稳定运行具有不可替代的作用。

在低温环境下，燃料电池冷启动面临着一系列错综复杂的问题。一方面，水的相变成为关键难题。在低温时，水会结冰，这一现象在燃料电池内部各个部件都产生了严重影响。在气体扩散层，冰晶的生长会阻塞孔隙，使反应气体（如氢气和氧气）的扩散路径受阻。气体扩散层的多孔结构本应保障气体顺利通过，但冰的形成改变了这一状况，导致气体分子难以到达催化剂层，进而影响电化学反应的正常开展。对于质子交换膜而言，冰的存在破坏了质子传导的环境，会降低质子传导率。因为质子的传导依赖于膜内特定的水合结构和通道，冰的出现会干扰这些通道，使质子难以移动，电池性能因此大幅下降。而且，低温还会对电池内材料的物理和化学性质产生显著影响，例如使催化剂的活性降低，降低了电化学反应的速率和效率。这些问题相互交织，使得燃料电池冷启动过程极为棘手，而多维介观模型就是为了深入剖析这些问题而构建的。

燃料电池冷启动多维介观模型在描述物理化学过程时，介于宏观和微观之间，兼具两者的特点。在质量守恒方程方面，它比宏观模型更加精细地描述了冷启动过程中物质的变化。对于反应气体，在介观尺度下，考虑了气体分子在气体扩散层和催化剂层中的个体行为与群体效应。在气体扩散层中，气体分子的扩散不仅受到宏观的浓度梯度影响，还与介观的孔隙结构细节以及分子与孔壁的相互作用有关。模型会考虑孔隙的形状、孔大小分布以及表面粗糙度等因素对气体扩散的影响。例如，不同形状的孔隙可能导致气体分子的散射和停留时间不同，这在介观模型中能够得到体现。在催化剂层，反应气体的消耗除了依据宏观的反应速率方程外，还考虑了催化剂表面活性位点在介观尺度上的分布不均匀性。由于催化剂的制备过程和微观结构特点，活性位点并非均匀分布，这会使反应气体在不同位置的消耗速率存在差异，多维介观模型能够更准确地描述这种差异。对于水的质量守恒，在质子交换膜和其他部件中，水的传输和相变在介观尺度下有更详细的刻画。水在质子交换膜内的传输除了宏观的电渗拖曳、扩散和对流外，还考虑了水分子与膜内聚合物链段的相互作用、水团簇的形成和演化等介观现象。在低温下，水结冰的过程也不是简单地以宏观相变来处理，而是考虑水分子如何在局部区域聚集、形成晶核以及冰晶生长过程中的微观结构变化，这些介观信息对于理解水冰相变对燃料电池性能的影响至关重要。

在能量守恒方程方面，冷启动多维介观模型展现出独特的优势。在燃料电池冷启动过程中，热量的产生、传递和转换是一个复杂的多尺度过程。电化学反应产生的热量在介观尺度下呈现出不均匀分布，这与催化剂表面的微观结构和反应气体的分布密切相关。在电极表面，由于催化剂颗粒的大小、形状以及活性位点的分布不同，电化学反应速率在介观尺度上有很大变化，从而导致局部热量产生的差异。而且，这种热量产生与其他物理过程在介观层面相互作用。外部加热（如果存在）对系统的热量输入在介观模型中需要考虑热量在不同介观结构中的传递和分布特性。热量在燃料电池内部的传递方式包括热传导、对流和相变潜热，在介观情况下，热传导需要考虑材料的微观结构对热导率的影响。例如，在气体扩散层和质子交换膜的界面处，热传导不仅与两者的宏观热导率有关，还与界面处的微观结构和分子间作用力有关。对流换热在介观空间内也更加复杂，气体在流道和多孔介质中的流动引起的热量传递受到流道壁面的微观粗糙度、气体分子与壁面的碰撞等因素影响。水的相变潜热在介观空间内的处理是一个关键部分。在冷启动过程中，冰的形成和融化在不同介观区域可能不同步，这会导致局部温度和能量变化的差异，进而影响整个燃料电池的性能。模型需要考虑水分子在不同介观环境下的相变特性，如水分子周围的离子浓度、电场强度等因素对相变温度和潜热的影响。

动量守恒方程在燃料电池冷启动多维介观模型中也有更深入的体现。在介观尺度下，反应气体在流道和气体扩散层中的流动是一个复杂的过程，涉及气体分子的微观运动和宏观流动的耦合。在流道中，气体的流动除了遵循宏观的流体力学方程外，还需要考虑气体分子的碰撞、扩散等微观行为对宏观流动的影响。例如，在狭窄的流道区域，气体分子与壁面的频繁碰撞会改变气体的流速分布和压力分布，这在介观模型中需要准确描述。在气体扩散层这种多孔介质中，气体的流动不仅受到宏观的压力梯度和渗透率的影响，还与孔隙内的微观结构和气体分子的布朗运动有关。气体扩散层的孔隙结构在介观尺度下具有丰富的细节，如孔隙的连通性、分支结构等，这些因素会影响气体分子的运动路径和速度。而且，气体在多孔介质中的流动还会与其他物理过程相互作用，例如与热量传递和水的传输相互影响。气体的流动会改变温度和水的分布，而温度和水的分布又会通过影响气体分子的运动特性（如黏度、扩散系数等）反过来影响气体的流动，这种相互作用在介观模型中需要全面考虑。

燃料电池冷启动多维介观模型中的参数确定具有更高的精度要求。在材料特性参数方面，各个部件的热导率、密度、比热容、孔隙率、渗透率等在介观尺度下需要更详细的描述。例如，质子交换膜的热导率在介观尺度下可能受膜内聚合物链的取向、局部结晶度等因素影响而有所不同。气体扩散层的孔隙率和渗透率在介观尺度下不仅与宏观的制备工艺有关，还与孔隙的微观结构和连通性相关。这些参数需要通过先进的实验技术和模拟方法相结合来获取，如小角散射技术、分子动力学模拟等，以获得更准确的介观结构信息和相应的参数值。反应动力学参数在介观空间内的描述也更加复杂，氢气和氧气在催化剂层上的反应速率常数、活化能、交换电流密度等不仅与温度有关，还与催化剂的微观结构、活性位点周围的局部环境等因素相关。这些参数在不同介观位置的变化需要深入的实验研究和理论建模来确定，例如通过原位光谱技术观察催化剂表面的反应过程，结合量子化学计算来分析反应机理和参数变化。相变相关参数在介观情况下，水的冰点、熔点、相变潜热等除了受温度和压力影响外，还会受到局部材料成分、电场以及其他介观物理化学因素的影响，这使得在介观尺度内准确描述水的相变过程需要更全面的考虑，需要综合运用多种技术手段来研究水在不同介观环境下的行为。

在求解方法上，燃料电池冷启动多维介观模型面临着巨大挑战。由于其控制方程涉及介观尺度的物理化学过程，传统的数值解法难以直接应用。常用的数值方法需要与介观模拟方法相结合。例如，有限差分法和有限元法在处理介观问题时需要对介观结构进行合理的离散化和建模，这可能需要将计算区域划分为更小的单元，以捕捉介观尺度的变化，但这样会导致计算量大幅增加。同时，需要引入介观模拟算法，如耗散粒子动力学、格子玻尔兹曼方法等，这些方法能够更好地描述介观尺度下的流体流动、物质扩散等现象。在时间和空间步长的选择上，需要更加精细地考虑介观过程的时间和空间尺度，以保证计算的准确性和稳定性。此外，为了求解这些复杂的介观方程组，往往需要采用先进的计算技术，如高性能计算平台和并行计算算法，以提高计算效率。在迭代求解过程中，初始条件的设置不仅包括整个介观空间内的温度、气体浓度、冰的分布等宏观信息，还需要考虑介观结构的初始状态，如孔隙内气体分子的初始分布、催化剂表面活性位点的初始状态等，同时需要考虑不同边界条件在介观空间的设置，这些边界条件可能与微观结构和宏观环境都有关系。

燃料电池冷启动多维介观模型的应用具有重要意义。在燃料电池的设计阶段，它可以为工程师提供更详细的设计指导。通过模拟不同设计方案下的多维介观物理化学过程，可以优化电池的结构，例如设计更合适的气体扩散层孔隙结构，使其在冷启动过程中既能保障气体扩散，又能减少水冰堵塞的风险。对于质子交换膜，可以优化其介观结构，提高其在低温下的质子传导性能和抗冻能力。在燃料电池的故障诊断方面，多维介观模型可以更准确地模拟故障状态下电池内部的变化。例如，当出现局部冷点导致水结冰问题时，模型可以通过分析介观尺度的温度、水和气体分布，确定故障的具体位置和原因，这比宏观模型更具优势。在燃料电池的性能优化方面，利用多维介观模型可以深入研究不同操作条件（如温度、压力、气体流量等）在介观空间内对电池性能的影响，从而制定更合理的操作策略，提高燃料电池在不同工况下的冷启动性能和整体稳定性。

然而，燃料电池冷启动多维介观模型也存在一定的局限性。首先，它的计算复杂度极高，需要大量的计算资源和时间，这限制了其在大规模工程应用中的快速评估和实时模拟。其次，尽管介观模型比宏观模型更能反映微观细节，但仍然无法完全描述一些原子级和分子级的微观现象，如质子在膜内特定活性位点的传导机制、催化剂表面原子的电子转移过程等。此外，模型中的一些参数和假设仍然存在一定的不确定性，需要进一步的实验研究和理论改进来提高模型的准确性。但总体而言，燃料电池冷启动多维介观模型为燃料电池技术在低温环境下的发展提供了更深入、更精细的分析工具，随着计算技术和实验技术的不断进步，其应用前景将更加广阔。

7.5 燃料电池冷启动介观模型示例

在质子交换膜燃料电池（PEMFC）的研究中，气体扩散层（GDL）内液态水的冻结现象对电池性能有着重要影响。为了深入探究这一复杂的物理过程，研究人员基于格子玻尔兹曼方法来建立 GDL 液态水冻结孔尺度模型。格子玻尔兹曼方法是一种基于微观动力学的介观数值模拟方法，它从离散的粒子分布函数出发，通过模拟粒子在离散格子上的演化过程来描述流体的宏观行为。在构建 GDL 液态水冻结孔尺度模型时，充分考虑了 GDL 的多孔结构特征，将其孔隙网络进行精细的离散化处理。同时，模型纳入了液态水在低温环境下的物理性质变化以及与 GDL 材料之间的相互作用，包括表面能、润湿性等因素。通过这个模型，可以更准确地模拟液态水在 GDL 孔隙内冻结的动态过程，为理解 PEMFC 在低温工况下的性能变化和进行优化设计提供有力支持。

1. GDL 几何重构

由于 GDL 是由多根碳纤维随机组成的多孔介质，因此使用基于随机方法的多孔介质重建模型法来重构 GDL 的几何结构。其中心思想是预设多孔介质的目标统计参数（孔隙率、碳纤维直径等），随机排列碳纤维结构，生成 GDL。该方法能够较为简单地生成满足要求的 GDL 几何形貌，同时也能体现出孔尺度下孔隙大小的非均匀性。如图 7-6 所示，生成 GDL 的具体步骤如下：①指定面积大小的平面内生成随机分布的圆柱体；②重复步骤①，生成指定根数满足孔隙率要求的单层 GDL，保证每层孔隙率与实际孔隙率偏差在 5% 以内；③重复步骤①和②，随机生成每一层的 GDL 结构，最后叠加至要求厚度。

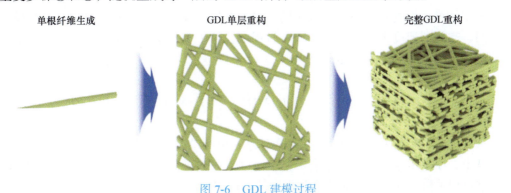

单根纤维生成　　　　GDL 单层重构　　　　完整GDL重构

图 7-6　GDL 建模过程

2. 控制方程

玻尔兹曼方程基于气体动理学的核心方程，它描述了分子速度分布函数的非平衡态时空演化过程。其主要思想为将粒子分布函数线性地分解为由分子运动引起的变化和由分子碰撞引起的变化两部分。本书采用加粗字母表示矢量函数。粒子分布函数 $f(\boldsymbol{x},\boldsymbol{c},t)$ 表示在 t 时刻 $\boldsymbol{x}$ 位置上速度为 $\boldsymbol{c}$ 的分子数。对于某一粒子，如果该粒子不发生碰撞，则其位置为 $\boldsymbol{x}+\mathrm{d}\boldsymbol{x}$，$\boldsymbol{c}$ 为初始速度，速度为 $\boldsymbol{c}+\boldsymbol{a}\mathrm{d}t$。因此，在 $t+\mathrm{d}t$ 时刻，有以下关系式：

$$f(\boldsymbol{x}+\mathrm{d}\boldsymbol{x},\boldsymbol{c}+\boldsymbol{a}\mathrm{d}t,t+\mathrm{d}t)\mathrm{d}\boldsymbol{x}\mathrm{d}\boldsymbol{c}=f(\boldsymbol{x},\boldsymbol{c},t)\mathrm{d}\boldsymbol{x}\mathrm{d}\boldsymbol{c} \tag{7-1}$$

对式（7-1）进行泰勒展开得

$$\frac{\partial f}{\partial t}+\boldsymbol{c}\frac{\partial f}{\partial \boldsymbol{x}}+\boldsymbol{a}\frac{\partial f}{\partial \boldsymbol{c}}=0 \tag{7-2}$$

当粒子发生碰撞后，其速度会发生改变，则式（7-1）变为

$$\frac{\partial f}{\partial t}+\boldsymbol{c}\frac{\partial f}{\partial \boldsymbol{x}}+\boldsymbol{a}\frac{\partial f}{\partial \boldsymbol{c}}=\left(\frac{\partial f}{\partial t}\right)_{\text{collision}} \tag{7-3}$$

上式即经典的玻尔兹曼方程。

玻尔兹曼方程中的碰撞项涉及极其复杂的非线性积分，这给玻尔兹曼方程的求解带来了巨大的挑战。1954 年，Bhatnagar、Gross 和 Krook 提出了一种简化的碰撞模型，又称为 BGK 模型。BGK 模型假设碰撞会使分布函数向平衡分布函数近似，分布函数和平衡分布

函数的差值与碰撞量成正比，比例系数 v_c 为平均碰撞频率，具体的表达式为

$$\left(\frac{\partial f}{\partial t}\right)_{collision} = -v_c(f - f^{eq}) \tag{7-4}$$

式中，v_c 与松弛时间 τ_c 有关，具体的表达式为

$$v_c = \frac{1}{\tau_c} \tag{7-5}$$

与宏观纳维－斯托克斯方程离散不同，格子玻尔兹曼方程（LBM）是将玻尔兹曼方程进行时间、空间和速度上的离散。在实际过程中，粒子朝各个方向上进行，因此需要引入有限的速度 e_α 进行离散，具体表达式为

$$f_\alpha(\boldsymbol{x} + \boldsymbol{e}_\alpha\delta_t, t + \delta_t) - f_\alpha(\boldsymbol{x}, t) = -\frac{1}{\tau_c}[f_\alpha(\boldsymbol{x}, t) - f_\alpha^{eq}(\boldsymbol{x}, t)] \tag{7-6}$$

目前，大部分研究所用的速度离散模型为 1991 年苏州大学钱跃竑教授提出的 DmQn 模型。其中，D 表示空间维数，Q 表示离散速度方向数。后续的所有模型也均采用 DmQn 模型来进行相关数值计算。宏观速度和密度的表达式为

$$\rho = \sum_i f_\alpha \quad \rho\boldsymbol{u} = \sum_i \boldsymbol{c}_\alpha f_\alpha \tag{7-7}$$

在编程计算过程中，LBM 的计算主要分为迁移和碰撞两个过程。在迁移过程，粒子迁移到相邻的格点中；在碰撞过程，在格点处的粒子发生碰撞。上述即经典的玻尔兹曼 -BGK 方程，也被称为单松弛时间格子玻尔兹曼方程。

如图 7-7 所示，主要采用 D3Q19 模型，即在三维计算域中将速度离散成图中 19 个点，18 个方向。以下是所采用的模型，包括格子玻尔兹曼两相流动模型和格子玻尔兹曼相变传热模型。

为了保证大密度比下的多相流和固液相变计算的稳定性，使用了多松弛时间格子玻尔兹曼方程（MRT LB 方程），使用的多相流模型均为伪势多相流模型，主要表达式如下：

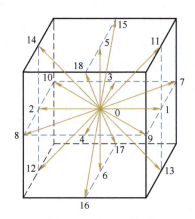

图 7-7 D3Q19 模型

$$f_\alpha(\boldsymbol{x} + \boldsymbol{e}_\alpha\delta_t, t + \delta_t) = f_\alpha(\boldsymbol{x}, t) - (\boldsymbol{M}^{-1}\boldsymbol{\Lambda M})_{\alpha\beta}(f_\alpha - f_\alpha^{eq}) + \delta_t F_\alpha' \tag{7-8}$$

式中，f_α 为密度分布函数；f_α^{eq} 为平衡密度分布函数；$\boldsymbol{x}$ 为空间分布；$\boldsymbol{e}_\alpha$ 为沿方向的离散速度；δ_t 为时间步；F_α' 为速度空间的力源项；$\boldsymbol{M}$ 为正交变换矩阵；$\boldsymbol{\Lambda}$ 为松弛矩阵。MRT LB 方程经过展开后可以得到广义宏观的纳维－斯托克斯方程。因此，该方程也能够进行宏观变量的

计算。

格子速度向量矩阵 $\boldsymbol{e}_\alpha$ 为

$$\boldsymbol{e}_\alpha = \begin{pmatrix} 0 & 1 & -1 & 0 & 0 & 0 & 0 & 1 & -1 & 1 & -1 & 1 & -1 & 1 & -1 & 0 & 0 & 0 & 0 \\ 0 & 0 & 0 & 1 & -1 & 0 & 0 & 1 & -1 & -1 & 1 & 0 & 0 & 0 & 0 & 1 & -1 & 1 & -1 \\ 0 & 0 & 0 & 0 & 0 & 1 & -1 & 0 & 0 & 0 & 0 & 1 & -1 & -1 & 1 & 1 & -1 & -1 & 1 \end{pmatrix}$$

$$(7\text{-}9)$$

$\boldsymbol{\Lambda}$ 为

$$\boldsymbol{\Lambda} = \mathrm{diag}(1,1,1,1,\tau_e^{-1},\tau_v^{-1},\tau_v^{-1},\tau_v^{-1},\tau_v^{-1},\tau_v^{-1},\tau_q^{-1},\tau_q^{-1},\tau_q^{-1},\tau_q^{-1},\tau_q^{-1},\tau_q^{-1},\tau_\pi^{-1},\tau_\pi^{-1},\tau_\pi^{-1}) \quad (7\text{-}10)$$

松弛因子 $\tau_\pi = 1.2$，$\tau_q = 1.1$，$\tau_e = 0.6$。此外，松弛因子 τ_v 与格子黏度有关。格子黏度的关系式为

$$v = \frac{1}{3}(\tau_v - 0.5) \quad (7\text{-}11)$$

在本研究中，水和空气的格子黏度比与实际低温下水和空气的黏度比一致。$\boldsymbol{M}$ 的数学表达式为

$$\boldsymbol{M} = \begin{pmatrix}
1 & 1 & 1 & 1 & 1 & 1 & 1 & 1 & 1 & 1 & 1 & 1 & 1 & 1 & 1 & 1 & 1 & 1 & 1 \\
0 & 1 & -1 & 0 & 0 & 0 & 0 & 1 & -1 & 1 & -1 & 1 & -1 & 1 & -1 & 0 & 0 & 0 & 0 \\
0 & 0 & 0 & 1 & -1 & 0 & 0 & 1 & -1 & -1 & 1 & 0 & 0 & 0 & 0 & 1 & -1 & 1 & -1 \\
0 & 0 & 0 & 0 & 0 & 1 & -1 & 0 & 0 & 0 & 0 & 1 & -1 & -1 & 1 & 1 & -1 & -1 & 1 \\
0 & 1 & 1 & 1 & 1 & 1 & 1 & 2 & 2 & 2 & 2 & 2 & 2 & 2 & 2 & 2 & 2 & 2 & 2 \\
0 & 2 & 2 & -1 & -1 & -1 & -1 & 1 & 1 & 1 & 1 & 1 & 1 & 1 & 1 & -2 & -2 & -2 & -2 \\
0 & 0 & 0 & 1 & 1 & -1 & -1 & 1 & 1 & 1 & 1 & -1 & -1 & -1 & -1 & 0 & 0 & 0 & 0 \\
0 & 0 & 0 & 0 & 0 & 0 & 0 & 1 & 1 & -1 & -1 & 0 & 0 & 0 & 0 & 0 & 0 & 0 & 0 \\
0 & 0 & 0 & 0 & 0 & 0 & 0 & 0 & 0 & 0 & 0 & 1 & 1 & -1 & -1 & 0 & 0 & 0 & 0 \\
0 & 0 & 0 & 0 & 0 & 0 & 0 & 0 & 0 & 0 & 0 & 0 & 0 & 0 & 0 & 1 & 1 & -1 & -1 \\
0 & 0 & 0 & 0 & 0 & 0 & 1 & -1 & -1 & 1 & 0 & 0 & 0 & 0 & 0 & 0 & 0 & 0 & 0 \\
0 & 0 & 0 & 0 & 0 & 0 & 1 & -1 & 1 & -1 & 0 & 0 & 0 & 0 & 0 & 0 & 0 & 0 & 0 \\
0 & 0 & 0 & 0 & 0 & 0 & 0 & 0 & 0 & 0 & 1 & -1 & -1 & 1 & 0 & 0 & 0 & 0 & 0 \\
0 & 0 & 0 & 0 & 0 & 0 & 0 & 0 & 0 & 0 & 1 & -1 & 1 & -1 & 0 & 0 & 0 & 0 & 0 \\
0 & 0 & 0 & 0 & 0 & 0 & 0 & 0 & 0 & 0 & 0 & 0 & 0 & 0 & 1 & -1 & -1 & 1 & 0 \\
0 & 0 & 0 & 0 & 0 & 0 & 0 & 0 & 0 & 0 & 0 & 0 & 0 & 0 & 1 & -1 & 1 & -1 & 0 \\
0 & 0 & 0 & 0 & 0 & 0 & 1 & 1 & 1 & 1 & 0 & 0 & 0 & 0 & 0 & 0 & 0 & 0 & 0 \\
0 & 0 & 0 & 0 & 0 & 0 & 0 & 0 & 0 & 0 & 1 & 1 & 1 & 1 & 0 & 0 & 0 & 0 & 0 \\
0 & 0 & 0 & 0 & 0 & 0 & 0 & 0 & 0 & 0 & 0 & 0 & 0 & 0 & 1 & 1 & 1 & 1 & 0
\end{pmatrix}$$

$$(7\text{-}12)$$

动量矩阵 $\boldsymbol{m}^{\mathrm{eq}}$ 的表达式如下

$$\boldsymbol{m}^{\mathrm{eq}} = \rho[1, v_x, v_y, v_z, 1+|\boldsymbol{v}|^2, 2v_x^2-v_y^2-v_z^2, v_y^2-v_z^2, v_xv_y, v_xv_z, v_yv_z, c_s^2v_y, c_s^2v_x,$$
$$c_s^2v_z, c_s^2v_x, c_s^2v_z, c_s^2v_y, c_s^4(1-1.5|\boldsymbol{v}|^2)+c_s^2(v_x^2+v_y^2), c_s^4(1-1.5|\boldsymbol{v}|^2)+ \quad (7\text{-}13)$$
$$c_s^2(v_x^2+v_z^2), c_s^4(1-1.5|\boldsymbol{v}|^2)+c_s^2(v_y^2+v_z^2)]$$

式中，$\boldsymbol{v}$ 为宏观速度。宏观速度和宏观密度的表达式如下：

$$\rho = \sum_\alpha f_\alpha \quad \rho\boldsymbol{v} = \sum_\alpha \boldsymbol{e}_\alpha f_\alpha + \frac{\delta_t}{2}\boldsymbol{F} \quad (7\text{-}14)$$

式中，$\boldsymbol{F}$ 为系统中的力源项，$\boldsymbol{F}=(F_x, F_y, F_z)$。

动力黏度的表达式为 $\nu = (\tau_\nu - 1/2)c_s^2\delta_t$，其中 $c_s = c/\sqrt{3}$，$c = \delta_x/\delta_t$，δ_x 为格子长度。

在 LBM 中主要构建相互作用力来捕捉气液界面。当前，许多学者提出了 LBM 的多相流模型，主要包括着色模型、伪势模型和自由能模型。根据牛顿第三运动定律即分子间作用力定律，Shan 和 Chen 引入了如下的表达式来描述粒子间相互作用力：

$$\boldsymbol{F}_{\mathrm{m}} = -G\psi(x)\sum_\alpha w_\alpha\psi(\boldsymbol{x}+\boldsymbol{e}_\alpha)\boldsymbol{e}_\alpha \quad (7\text{-}15)$$

式中，ψ 为伪势；G 为接触强度；w_α 为权重系数。对于不同的状态方程，$\psi(x)$ 具有不同的形式。现阶段有诸多状态方程来确定 $\psi(x)$，包括范德瓦耳斯、雷德利希 – 邝（Redlich-Kwong）、索阿韦 – 雷德利希 – 邝（Soave-Redlich-Kwong）、彭 – 罗宾森（Peng-Robinson）等气体状态方程。

现阶段，伪势模型所能模拟的气液两相流密度比已接近 1000，能广泛应用于实际计算过程中，并且伪势模型只需要一个分布函数，计算过程较为简单。因此，本研究后续所有多相流模型均采用伪势模型。在 D3Q19 模型中，权重系数具体值为：当 $|e_\alpha|^2 = 1$，$w_\alpha = 1/6$；当 $|e_\alpha|^2 = 2$，$w_\alpha = 1/12$。压力张量的表达式如下：

$$\boldsymbol{P} = \left[\rho c_s^2 + \frac{Gc^2}{2}\psi^2 + \frac{Gc^4}{12}\psi\nabla^2\psi\right]\boldsymbol{I} + \frac{Gc^2}{6}\psi\nabla\nabla\psi \quad (7\text{-}16)$$

伪势 ψ 的表达式为

$$\psi(\boldsymbol{x}) = \sqrt{2(kp_{\mathrm{EOS}}-\rho c_s^2)/GC^2} \quad (7\text{-}17)$$

式中，p_{EOS} 为具体状态方程的压强。使用彭 – 罗宾森状态方程，由下式给出：

$$p_{\text{EOS}} = \frac{\rho RT}{1-b\rho} - \frac{a\varphi(T)\rho^2}{1+2b\rho-b^2\rho^2} \tag{7-18}$$

$$\varphi(T) = [1+(0.37464+1.54226\omega-0.26992\omega^2)(1-\sqrt{T/T_{\text{c}}})]^2 \tag{7-19}$$

式中，$a = 0.45724R^2 T_{\text{c}}^2 /p_{\text{c}}$；$b = 0.0778RT_{\text{c}}/p_{\text{c}}$；$\omega$ 为偏心因子，$\omega = 0.344$；T_{c} 为临界温度，$T_{\text{c}} = 0.0778/0.45724 \times a/(b \times R)$。在本研究中，$a = 1/49$，$b = 2/21$，$R = 1$。此时，热力学一致性的力源项为

$$\boldsymbol{S} = \begin{pmatrix} 0 \\ F_x \\ F_y \\ F_z \\ 2\boldsymbol{v} \cdot \boldsymbol{F} + \dfrac{6\sigma |\boldsymbol{F}_{\text{m}}|^2}{\psi^2 \delta_t (\tau_e - 0.5)} \\ 2(2v_x F_x - v_y F_y - v_z F_z) \\ 2(v_y F_y - v_z F_z) \\ v_x F_y + v_y F_x \\ v_x F_z + v_z F_x \\ v_y F_z + v_z F_y \\ c_{\text{s}}^2 F_y \\ c_{\text{s}}^2 F_x \\ c_{\text{s}}^2 F_z \\ c_{\text{s}}^2 F_x \\ c_{\text{s}}^2 F_z \\ c_{\text{s}}^2 F_y \\ 2c_{\text{s}}^2 (v_x F_x + v_y F_y) \\ 2c_{\text{s}}^2 (v_x F_x + v_z F_z) \\ 2c_{\text{s}}^2 (v_y F_y + v_z F_z) \end{pmatrix} \tag{7-20}$$

式中，σ 为稳定性调节变量，$\sigma = 0.126$。临界温度和临界压强分别对应实际物理单位的 22.064MPa 和 647K。同时，根据状态方程选取气液格子密度，液相密度为 9.5 格子单位，气相密度为 0.0125 格子单位，这与实际的空气和氧气的密度比保持一致。为了使表面张力可调，源项 $\boldsymbol{C}$ 的表达式为

$$C = \begin{pmatrix} 0 \\ 0 \\ 0 \\ 0 \\ 0.8\tau_e^{-1}(Q_{xx}+Q_{yy}+Q_{zz}) \\ -\tau_v^{-1}(2Q_{xx}-Q_{yy}-Q_{zz}) \\ 0 \\ -\tau_v^{-1}Q_{xy} \\ -\tau_v^{-1}Q_{xz} \\ -\tau_v^{-1}Q_{yz} \\ 0 \\ 0 \\ 0 \\ 0 \\ 0 \\ 0 \\ 0 \\ 0 \\ 0 \end{pmatrix} \qquad (7\text{-}21)$$

其中，变量 $\boldsymbol{Q}$ 的表达式为

$$\boldsymbol{Q} = k_{sc}\frac{G}{2}\psi(\boldsymbol{x})\sum\nolimits_{\alpha=1}^{8}w(|\boldsymbol{e}_\alpha|^2)[\psi(\boldsymbol{x}+\boldsymbol{e}_\alpha)-\psi(\boldsymbol{x})]\boldsymbol{e}_\alpha\boldsymbol{e}_\alpha \qquad (7\text{-}22)$$

式中，k_{sc} 为表面张力调节因子。固液接触力的表达式为

$$F_{ads} = -G_w\psi(\boldsymbol{x})\sum\nolimits_{\alpha}\omega_\alpha S(\boldsymbol{x}+\boldsymbol{e}_\alpha)\boldsymbol{e}_\alpha \qquad (7\text{-}23)$$

式中，G_w 为固液界面力的调节因子；$\omega_\alpha = w_\alpha/3$；$S(\boldsymbol{x}+\boldsymbol{e}_\alpha)=\psi(\boldsymbol{x})s(\boldsymbol{x}+\boldsymbol{e}_\alpha)$，$s(\boldsymbol{x}+\boldsymbol{e}_\alpha)$ 为相的开关函数。

周期性边界是比较简单的边界条件，其假设当粒子从一个边界流出时，在下一时刻从另一侧边界流入流场。以 D3Q19 模型 x 方向上两侧边界为例，其具体的表达式为

$$f_\alpha(0,y,z,t+\delta_t) = f_{\bar{\alpha}}(L,y,z,t), \alpha=1,7,9,11,13 \qquad (7\text{-}24)$$

$$f_\alpha(L,y,z,t+\delta_t) = f_{\bar{\alpha}}(0,y,z,t), \alpha=2,8,10,12,14 \qquad (7\text{-}25)$$

式中，L 为计算域长度。LBM 的出口边界的表达式为

$$f_\alpha(L,y,z,t+\delta_t) = f_\alpha(L-1,y,z,t) \qquad (7\text{-}26)$$

主要采用基于焓的固液相变传热格子玻尔兹曼模型进行 GDL 内固液相变的计算。焓的表达式为

$$En_k = c_p T^k + L_f f_l^{k-1} \tag{7-27}$$

式中，En_k 为当前时刻的焓；T^k 为当前时刻的温度；L_f 为相变潜热，f_l^{k-1} 是前一时刻的液相分数。液相分数的表达式为

$$f_l^k = \begin{cases} 0 & En_k < En_s = c_p T_m \\ \dfrac{En_k - En_s}{En_l - En_s} & En_s < En_k \leqslant En_l = En_s + L_f \\ 1 & En_k > En_l = En_s + L_f \end{cases} \tag{7-28}$$

式中，En_s 为固体冰的焓。在流体域中的相变传热格子玻尔兹曼方程为

$$g_\alpha(\boldsymbol{x} + \boldsymbol{e}_\alpha \delta_t, t + \delta_t) = g_\alpha(\boldsymbol{x}, t) - \frac{1}{3\alpha_t + 0.5}[g_\alpha(\boldsymbol{x}, t) - g_\alpha^{eq}(\boldsymbol{x}, t)] - \frac{w_\alpha}{3} \frac{L_f}{c_p}[f_l^k(x) - f_l^{k-1}(x)] \tag{7-29}$$

式中，$g_\alpha(\boldsymbol{x}, t)$ 为温度分布函数；$g_\alpha^{eq}(\boldsymbol{x}, t)$ 为平衡温度分布函数；α_t 为热扩散率。

式（7-29）最后一项为源项，仅在流体域中发生作用，在固体部分为 0。在固体部分的传热格子玻尔兹曼方程为

$$g_\alpha(\boldsymbol{x} + \boldsymbol{e}_\alpha \delta_t, t + \delta_t) = g_\alpha(\boldsymbol{x}, t) - \frac{1}{3\alpha_t + 0.5}[g_\alpha(\boldsymbol{x}, t) - g_\alpha^{eq}(\boldsymbol{x}, t)] \tag{7-30}$$

在固体部分平衡温度分布函数为

$$g_\alpha^{eq}(\boldsymbol{x}, t) = \frac{w_\alpha}{3} T(x, t)\left(1 + \frac{\boldsymbol{e}_\alpha \cdot \boldsymbol{v}}{c_s^2}\right) \tag{7-31}$$

热扩散率的表达式为

$$\alpha_t = \frac{\boldsymbol{v}}{Pr} \tag{7-32}$$

式中，Pr 为普朗特数。宏观温度的表达式为

$$T = \sum_i g_i \tag{7-33}$$

发生固液相变时，将分布函数的流动过程分为两部分：冻结部分采用反弹边界，考虑与反弹程度相关的固体分数；其余流动部分保持粒子迁移过程，然后加入考虑相变过程中体积变化的源项。其相关方程为

$$f_\alpha(\boldsymbol{x} + \boldsymbol{e}_\alpha \delta_t, t + \delta_t) = (1 - B)[f_\alpha(\boldsymbol{x}, t) - (\boldsymbol{M}^{-1}\boldsymbol{\Lambda}\boldsymbol{M})_{\alpha\beta}(f_\beta - f_\beta^{eq}) + \delta_t F_\alpha'] + B\Omega_i^S + \delta V_i \tag{7-34}$$

式中，Ω_i^S 为反弹分布函数；B 为固体权重分数；δV_i 为固液相变前后的体积变化。

Ω_i^S 的表达式如下：

$$\Omega_i^S = \overline{f_\alpha}(\boldsymbol{x}, t) - f_\alpha(\boldsymbol{x}, t) + f_\alpha^{eq}(\rho, \boldsymbol{u}_s) - \overline{f_\alpha^{eq}}(\rho, \boldsymbol{u}) \tag{7-35}$$

B 的表达式如下：

$$B = \frac{\tau_v - 0.5}{0.5 - f_s + \tau_v} f_s \qquad (7\text{-}36)$$

式中，f_s 为固相分数，$f_s = 1 - f_l$。

δV_i 的表达式如下：

$$\delta V_i = f_\alpha^{eq}(\delta\rho, \boldsymbol{u}) \qquad (7\text{-}37)$$

式中，$\delta\rho$ 为相变前后的密度变化量。

$\delta\rho$ 的表达式如下：

$$\delta\rho = (1 - \gamma)\rho \frac{\partial f_s}{\partial t} \qquad (7\text{-}38)$$

$$\gamma = \frac{\rho_s}{\rho_l} \qquad (7\text{-}39)$$

3. 基本假设

模型的主要假设如下：

1）由于在燃料电池运行过程中，气态水会在 MPL 和 GDL 内冷凝成液态水并运动，使得大部分孔隙中充满液态水，同时需要考虑所有碳纤维的影响，因此假设气体扩散层中充满水。

2）假设低温从各个方向传导入 GDL 内部。

3）假设计算域所有方向的初始速度为 0。

4. 计算域

计算域及其边界条件如图 7-8 所示。计算域的长宽高格子数量均为 50 个。每个格子的大小为 4μm。GDL 内纤维直径为 8μm。GDL 的孔隙率为 0.75，这与实际 GDL 孔隙率一致。

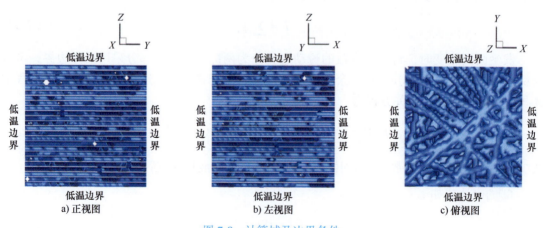

a) 正视图   b) 左视图   c) 俯视图

图 7-8　计算域及边界条件

5. 物理单位转换

格子玻尔兹曼计算所使用的单位均为格子单位（lattice unit，.u.）。因此，为了将格子玻尔兹曼结果与实际结果进行比较，进一步阐明其机理，采用无量纲数进行相关分析。傅里叶数的计算公式为

$$Fo = \frac{\alpha_{water} t_{time}}{L^2} \qquad (7\text{-}40)$$

式中，L 为计算域的长度；t_{time} 为具体的时间步。相对温度的计算公式为

$$Tr = \frac{T}{T_c} \qquad (7\text{-}41)$$

式中，T_c 为临界温度。实际长度和格子长度的转化公式为

$$l = l'L \qquad (7\text{-}42)$$

式中，l' 为长度转换因子；l 为实际长度。

6. 材料物性

使用的材料物性见表 7-1。在后续的所有计算中，保证气液密度比与实际相同，黏度比与实际相同，热扩散率通过普朗特数进行转换。

表 7-1 材料物性

材料	参数	单位	数值
液态水	比定压热容 c_p	J/(kg·K)	4212
	动力黏度 v	m²/s	1.789×10^{-6}
	热扩散率 α_{water}	m²/s	13.1×10^{-8}
	普朗特数 Pr	—	13
固态冰	相变潜热 L_f	J/kg	333550
	热扩散率 α_{ice}	m²/s	12.4×10^{-7}
	相变温度 T_m	K	273
碳纤维	热扩散率 α_{fibre}	m²/s	17.6×10^{-7}

7. 初始条件

计算域的初始温度设为 353K，这在 PEMFC 实际运行温度范围内。假设计算域全部由水填充。这样设置的原因如下：在燃料电池运行过程中，气态水会在 MPL 和 GDL 内冷凝成液态水并运动，使得大部分孔隙中充满液态水；同时能够考虑所有碳纤维的作用，所得出的结论更具有普适性；能够减少计算量，当设置气液两相填充时，必须有足够多的网格，否则极易在碳纤维边界发生质量泄漏，从而导致计算结果失真。

8. 边界条件

对于多孔介质内流动模拟中经常遇到的复杂几何形体，需要采用曲面边界条件。对于 LBM 的曲面边界，主要关注的是确定边界周围的未知分布函数。如图 7-9 所示，在粒子迁

移步骤之后，边界节点的一些分布函数是未知的。主要采用单点二阶曲面边界来处理气体扩散层内部的碳纤维曲面边界，其主要的表达式如下：

$$f_\alpha(\boldsymbol{x}_f, t+\delta_t) = \frac{1+l_{cb}-2\gamma_{cb}}{1+l_{cb}} f_{\bar{\alpha}}(\boldsymbol{x}_f, t) + \frac{l_{cb}}{1+l_{cb}} f'_\alpha(\boldsymbol{x}_f, t) +$$
$$\frac{2\gamma_{cb}-l_{cb}}{1+l_{cb}} f'_{\bar{\alpha}}(\boldsymbol{x}_f, t) + \frac{2}{1+l_{cb}} \frac{w_i}{3} \rho \frac{\boldsymbol{e}_\alpha \cdot \boldsymbol{u}(\boldsymbol{x}_b, t)}{c_s^2}$$

（7-43）

式中，下标 $\bar{\alpha}$ 为实际分布函数的相反方向；下标 f 为流体区域；下标 b 为边界区域；γ_{cb} 为距离比，具体的表达式为 $\gamma_{cb} = \dfrac{|\boldsymbol{x}_b - \boldsymbol{x}_f|}{|\boldsymbol{x}_r - \boldsymbol{x}_f|}$；$l_{cb}$ 为调节系数。

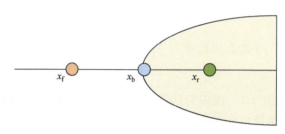

图 7-9　单点二阶曲面边界条件

对于相变传热模型来说，将计算域的上下左右前后六个面均设为低温边界，低温的温度与实际燃料电池所经历的零下环境的温度一致。以下表面为例，下表面的低温边界的表达式为

$$g_\alpha = T_1 \frac{(w_i + w_{\bar{1}})}{3} - g_{\bar{\alpha}}$$

（7-44）

式中，T_1 为冷却温度；下标 $\bar{\alpha}$ 为 α 的反方向。

9. 结果分析

如图 7-10a 所示，在 yz 平面内，随着傅里叶数的增大，四周的低温由于热传导的作用逐步向 GDL 中心传导。碳纤维所在的固体区域的温度在热传导前中期明显大于液态水所在的温度，这是因为 GDL 中碳纤维的热扩散率显著大于液态水和固态冰的热扩散率，从而导致 GDL 的低温传导速度更快。在 yz 平面，高温区域主要是在孔隙中出现，这是因为 GDL 是由多层碳纤维层堆叠而成，极易产生大孔隙。随着傅里叶数的增大，碳纤维较多的区域温度会先下降，而碳纤维较少的区域温度下降较慢。在低傅里叶数的情况下，随着初始温度提高，GDL 孔隙中液态水的温度逐步提高，而碳纤维温度变化不大。

如图 7-10b 所示，由于 xy 平面主要显示的是碳纤维在单层随机分布的特征，因此孔隙区域被碳纤维分割而成。在低温传导的过程中，除了低温由外向内的传导外，还有从碳纤维向液体内传导。这两种作用使液态水温度下降。如图 7-11a 所示，随着傅里叶数的增大，低温逐步传导入 GDL 内，使得液态水从 GDL 四周向内部发生冻结。在冻结初期，碳纤维的强化传热作用，因此碳纤维附近的液态水先发生冻结。在冻结后期，低温导致了液态水部分区域产生了温差，从而产生了热对流作用，使得部分液态水温度保持平稳，较慢冻结。如图 7-11b 所示，在 xy 平面内液态水冻结过程一方面由外向内冻结；另一方面由碳纤维向液态水中心冻结，这与传热过程一致。

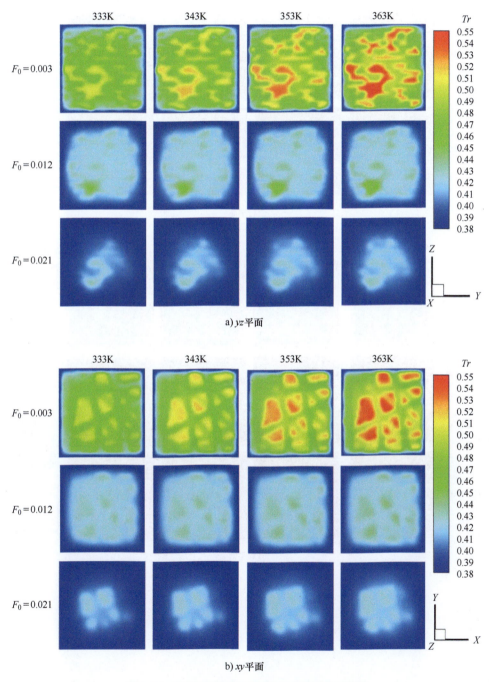

图 7-10　不同初始温度下 GDL 内温度分布演化

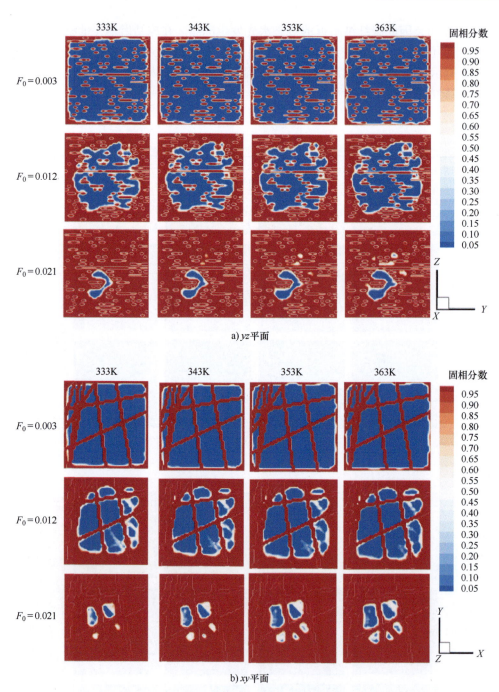

a) yz 平面

b) xy 平面

图 7-11　不同初始温度下 GDL 内固液界面分布演化

第8章 燃料电池汽车的关键技术及发展趋势

在全球积极响应碳中和目标的大背景下，燃料电池汽车凭借其独特优势，成为交通领域转型的关键力量，其技术研发与市场推广工作因而备受瞩目。燃料电池技术构建有别于传统燃油汽车和纯电动汽车的动力模式，为汽车产业开辟全新路径。在能源效率层面，其能量转化效率高，可大幅降低能源损耗，提升能源利用效益。在碳排放削减方面，以氢为燃料的燃料电池汽车反应产物主要为水，近乎零碳排放，从根源上减少环境污染。

深入钻研燃料电池汽车的关键技术，如燃料电池堆的高效化、氢气存储与供应系统的优化、系统集成与控制技术的精准化等，是提升其性能与可靠性的核心要点。同时，精准洞察其发展趋势，涵盖技术的持续创新、成本的有效控制、市场需求的深度挖掘以及政策环境的有力支撑等维度，对全方位推动燃料电池汽车领域发展意义非凡。这不仅有助于加速交通领域的绿色变革，还能为全球可持续发展贡献关键动力，引领人类迈向低碳出行新时代。

8.1 燃料电池汽车的关键技术

8.1.1 燃料电池系统核心组件技术

1. 电堆技术

膜电极组件（MEA）作为燃料电池的核心部分，其质子交换膜发挥着关键作用。它承担着传导质子的重任，因而必须具备高质子传导性，以保障燃料电池内部离子传输的高效性，减少能量损失，提升电池的整体性能。同时，良好的化学耐久性不可或缺，这使其能在燃料电池复杂的化学反应环境中保持稳定，耐受各种化学物质的侵蚀与冲击，防止膜体结构损坏和性能衰退。机械耐久性同样关键，在燃料电池的长期运行以及可能遭遇的振动、挤压等工况下，质子交换膜需维持完整形态与功能，避免出现破裂、变形等情况。此外，适宜的透氢和透氧性对优化电池反应效率意义深远，精准控制氢、氧渗透量可避免不必要的副反应发生，确保燃料电池稳定、高效运行。当下，Nafion系列膜在质子交换膜领域应用广泛，为行业发展奠定了坚实基础。然而，为满足燃料电池汽车在多样化环境与工况下的运行需求，开发能在更宽温域（$-30 \sim 120℃$及以上）稳定传导质子的膜材料迫在眉睫。例如含增强层的薄型氟系高分子电解质膜成为研发焦点，增强层可显著提升膜的机械强度，有效防止膜在高温或受力状态下受损，同时薄型化设计有助于降低膜电阻，进一步提升质子传导效率，减少电池内阻热损耗，燃料电池汽车使用寿命。此类创新型膜材料的成功研发，将大幅拓展燃料电池的应用场景，增强其环境适应性，从根本上提升燃料电池系统的稳定性与可靠性。质子交换膜发展趋势如图 8-1 所示。

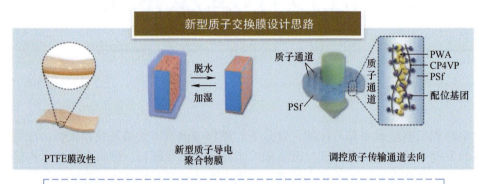

图 8-1　质子交换膜发展趋势

在催化剂层的阴极侧，Pt 基催化剂占据主流地位，因其卓越的催化活性，能够有效加速氧还原反应速率，提升燃料电池的发电效率。当前，研究人员正积极通过原子排列与形状控制策略，致力于提升 Pt 基催化剂的活性与耐久性。开发 Pt 合金催化剂，借助不同金属元素与 Pt 的协同作用，优化催化剂的电子结构与表面性质，降低反应能垒，提升对氧分子的吸附与活化能力，从而增强催化活性。核壳结构催化剂的设计也是重要方向，通过构建核壳架构，精准调控催化剂表面原子分布与配位环境，提高 Pt 原子利用率，在降低 Pt 用量的同时，增强催化剂的耐久性与抗中毒能力，贵金属的 Pt/C TEC10V30E 催化剂便是典型代表。展望未来，非贵金属催化剂因其成本优势与资源可持续性，将成为研究热点领域。科研人员全力探索多元非贵金属元素组合及创新制备工艺，力求开发出具备高催化活性、良好耐久性与稳定性的非贵金属催化剂，从根源上降低燃料电池成本，提升其市场竞争力。

在阳极侧，催化剂需具备高氢氧化反应活性，确保氢气在阳极表面迅速、高效地发生氧化反应，为电池提供稳定电能输出；耐久性是保障燃料电池长期稳定运行的关键，有利于减少催化剂在反应过程中的活性衰减与结构劣化；耐氧化性不可或缺，鉴于阳极在运行中可能接触微量氧气或其他氧化性物质，耐氧化性可维持催化剂性能稳定。此外，开发抗杂质中毒和抑制 H_2O_2 生成的催化剂至关重要。在实际应用中，氢气燃料常含微量杂质，如 CO、H_2S 等，极易致使催化剂中毒失活，研发高效抗杂质中毒催化剂，可通过设计特殊催化剂结构或引入功能助剂，增强催化剂对杂质的耐受性与选择性，确保反应持续高效进行。抑制 H_2O_2 生成的催化剂能够减少其对电解质膜及催化剂自身的损害，提升电池整体性能与寿命，为燃料电池汽车的商业化推广筑牢技术根基。

气体扩散层肩负着保障气体顺畅扩散至催化剂层、维持电子传导以及构建良好界面接触的重任。为实现降低氧气扩散阻力的目标，可从多方面优化其结构。调整部件厚度是关键举措之一，适当降低气体扩散层厚度能有效缩短氧气扩散路径，减少扩散阻力，加快反应气体抵达催化剂表面速率，提升反应速率与电池功率输出。优化孔隙率意义重大，合理提高孔隙率可增加气体传输通道数量与尺寸，促进气体在层内快速扩散，防止气体积聚引发浓度极化现象，提升电池反应均匀性与稳定性。精心设计几何形状亦是重要途径，创新的微观几何结构，如构建有序多孔结构或梯度孔隙结构，可引导气体定向扩散，优化气体分布，进一步提升扩散效率与电池性能。在实际应用中，碳纤维无纺布结构的 GDL 与炭黑粒子堆积的 MPL 是常见形式。碳纤维无纺布结构的 GDL 凭借碳纤维高强度、高导电性与化学稳定性优势，为气体扩散提供稳固支撑与高效电子传导通道；炭黑粒子堆积的 MPL 以其丰富孔隙结构与较大比表面，有效降低氧气扩散阻力，增强与催化剂层的界面结合力，确保气体、电子与质子在电池内部高效传输与协同反应，有力推动燃料电池汽车动力系统性能提升与技术进步。

双极板在燃料电池体系中承担着多重关键功能。其首要作用在于精准分隔阳极与阴极的反应气体，有效防止氢气与氧气直接混合引发的剧烈反应，从而确保燃料电池电化学反应的有序、安全进行。与此同时，双极板肩负着收集和传导电流的重要使命，它能够高效地将电化学反应产生的电流汇聚并传输至外部电路，为负载提供稳定电力供应，这要求其具备出色的导电性，以最大限度减少电能传输过程中的损耗，提升燃料电池的整体发电效率。此外，双极板还为电池提供不可或缺的机械支撑，维持电堆的结构完整性与稳定性，使其在复杂的车辆运行工况下，如振动、冲击和温度变化等环境中，依然能够保持各部件的相对位置与良好接触，保障电池正常运行。再者，双极板在热管理方面发挥着关键作用，通过合理的设计与材料特性，能够有效调控电池反应产生的热量，使其均匀分布并及时散发热量，避免局部过热对电池性能和寿命造成损害，确保电池始终处于适宜的工作温度区间。

金属双极板以其高导电性优势，减少欧姆损耗，提升电能输出效率。其良好的机械性能则赋予电堆较强的结构稳定性，使其能够适应不同的装配工艺与运行环境要求。然而，金属双极板在燃料电池的强酸性、高电位工作环境中极易遭受腐蚀，这不仅会导致双极板自身结构损坏，缩短使用寿命，还可能因腐蚀产物污染电解质膜和催化剂层，降低电池性能。同时，金属双极板与其他部件间的接触电阻问题也不容忽视，较高的接触电阻会造成额外的能量损失，降低电池功率输出与整体效率。为攻克这些难题，表面涂层技术成为重要研究方向。通过开发高耐蚀低电阻涂层，可在金属双极板表面形成一层保护膜，有效隔离腐蚀性介质，抑制腐蚀反应发生，同时降低接触电阻。例如，采用陶瓷涂层、聚合物涂层或金属复合涂层，依据不同的基底材料与电池工况需求进行优化设计，精准调控涂层的成分、厚度与微观结构，提升涂层与金属基底的结合力与稳定性，实现对腐蚀和接触电阻问题的有效管控，从而充分发挥金属双极板的性能优势。金属双极板加工过程如图 8-2 所示。

石墨双极板因其自身的材料特性，天然具备优异的导电性和卓越的化学稳定性。在燃料电池运行过程中，能够稳定地传导电流并抵御化学反应的侵蚀，确保电池长期可靠运行。但其机械强度相对薄弱，在承受较大压力或机械冲击时容易发生破裂或损坏，这对电堆的机械可靠性构成挑战。此外，石墨材料的加工性能较差，成型困难，加工精度难以保证，致使双极板的制造效率低、成本高，限制了其大规模应用。针对这些短板，优化加工工艺成为关键突破点。研发先进的精密加工技术，如数控加工、激光加工等，提升加工精度与效率，同时降低加工损伤。在复合增强方面，可将石墨与其他高性能材料进行复合，如碳纤维、金属纤维或高分子材料等，借助增强材料的高强度、高韧性特性，显著提升石墨双极板的机械强度与抗冲击性能。通过优化复合工艺参数，精准调控复合材料的微观结构与界面结合状态，实现导电性、化学稳定性与机械性能的平衡优化，为石墨双极板在燃料电池汽车中的广泛应用开辟新路径，推动燃料电池技术迈向更高性能、更可靠、更具成本竞争力的发展阶段。

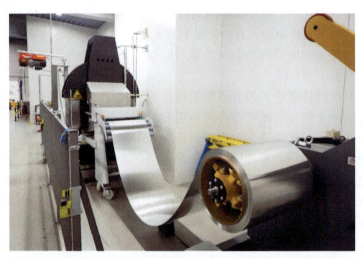

图 8-2　金属双极板加工过程

2. 氢气供应系统技术

氢气供应系统技术作为燃料电池汽车的关键支撑，全面涵盖氢气储存、输送与喷射等核心环节，各环节紧密协作、相互影响，共同决定燃料电池汽车的性能表现、运行稳定性及安全性。

在氢气储存领域，高压气态储氢技术凭借成熟的工艺和广泛的应用基础占据重要地位。当前，70MPa 高压氢气储罐已大量应用于燃料电池汽车领域，成为实现氢气高密度存储的关键手段。然而，该技术仍面临着一系列亟待突破的发展瓶颈。为提升储罐的质量储氢密度，科研人员正全力以赴开展技术攻关。通过优化储罐的结构设计，采用新型复合材料或改进制造工艺，有望在确保安全的前提下，进一步提升单位体积内的氢气储存量，从而有效延长燃料电池汽车的续驶里程。与此同时，安全性始终是高压气态储氢技术发展的核心关注点。要致力于研发更为可靠的安全防护装置，加强对储罐材料在高压环境下长期性能的研究，建立完善的安全监测与预警系统，全方位保障氢气储存过程中的安全性，杜绝氢气泄漏、爆炸等安全隐患。此外，降低成本也是推动该技术广泛应用的关键因素。通过规模化生产、优化供应链管理以及探索新型制造技术，有望实现高压氢气储罐成本的显著降低，提高燃料电池汽车的市场竞争力。

液态氢储存技术以其显著的高能量密度优势，为燃料电池汽车的长续驶里程发展带来了新的希望。然而，要实现液态氢的有效储存与应用，必须攻克诸多严峻挑战。其中，首先要突破低温技术难题。液态氢的储存需要极低的温度环境（约 −253℃），这对储罐的隔热性能、材料低温耐受性以及制冷系统的可靠性提出了极高要求。开发高效的低温隔热材料、优化制冷循环系统、提升储罐的真空绝热技术，成为解决液态氢储存低温技术难题的关键路径。此外，高昂的成本也是制约液态氢储存技术大规模应用的重要因素。从液态氢的生产、运输到储存设备的制造与维护，每一个环节都伴随着高额成本投入。因此，通过技术创新降低生产成本、优化产业链布局提高运营效率，是实现液态氢储存技术经济可行性的核心任务。

固态储氢材料的研究近年来呈现出蓬勃发展态势，金属氢化物、碳纳米管等多种固态储氢材料备受关注。这些材料凭借其突出的高储氢密度和卓越的安全性优势，为氢气储存提供了一种极具潜力的解决方案。然而，改善其吸放氢动力学性能与循环稳定性成为当前研究的核心关键。优化材料的微观结构与组成，通过掺杂、复合等手段调控材料的电子结构与晶体结构，能够有效提升氢原子在材料中的扩散速率，加快吸放氢反应动力学过程。同时，深入研究材料在多次吸放氢循环过程中的结构演变规律，开发有效的稳定化处理技术，提高材料的循环稳定性，确保固态储氢材料在长期使用过程中始终保持高效稳定的储氢性能。

氢气输送环节对于维持燃料电池稳定运行至关重要，其核心要求是确保氢气以稳定的流量与压力供应至燃料电池堆。为此，优化管道设计与材料选择成为关键举措。选用具备良好氢气相容性、耐高压、低渗透性的管道材料，如金属内衬复合材料管道，能够有效降低氢气在输送过程中的泄漏风险，确保输送系统的安全性与稳定性。同时，开发高效氢气泵、阀是实现精确流量控制的核心技术手段。先进的氢气泵应具备高流量精度、低能耗、高可靠性等特性，能够根据燃料电池系统的需求实时调整氢气输送流量。而高性能的氢气阀则需具备快速响应能力、精准控制能力与高密封性，确保氢气输送过程中的压力稳定与流量调节精度，防止因压力波动或流量不稳定导致的燃料电池性能下降。

3. 空气供应系统技术

空气供应系统技术在燃料电池系统中发挥着不可或缺的作用，其核心功能在于为电堆阴极稳定且足量地供应氧气，这一功能的有效实现直接关乎燃料电池的功率输出与运行效率。该系统主要由空气压缩机、加湿器、中冷器以及空气过滤器等关键部件协同构成，各部件各司其职、紧密配合，共同保障燃料电池的高效稳定运行。

空气压缩机作为空气供应系统的核心动力部件，负责将外界空气压缩并输送至电堆阴极。其中，离心式压缩机凭借其显著的流量大、效率高优势，在众多类型的压缩机中脱颖而出，被广泛应用于燃料电池系统。然而，为进一步提升其性能以更好地适配燃料电池汽车在复杂工况下的运行需求，持续的技术优化势在必行。在提高压比方面，通过改进压缩机的叶轮设计、优化流道结构以及采用先进的材料与制造工艺，能够有效提升空气的压缩程度，从而为电堆阴极提供更高压力的氧气供应，增强电堆的反应活性与功率输出能力。提升效率与可靠性是关键研发方向之一，借助精密的动力学建模与仿真分析，优化压缩机的运行参数与控制策略，减少内部摩擦损失、泄漏损失以及气流脉动等因素对效率的负面影响；同时，强化关键部件的机械强度与耐磨性，采用先进的密封技术与润滑系统，确保压缩机在长时间、高强度运行条件下的可靠性与稳定性。降低噪声与振动水平对于提升燃料电池汽车的驾乘舒适性与 NVH 性能至关重要，通过优化压缩机的结构动力学设计、采用主动或被动降噪技术（如声学包覆、动态平衡校正等）以及开发智能振动控制系统，有效抑制运行过程中噪声与振动的产生与传播。此外，为应对燃料电池汽车在不同工况下（如启动、加速、匀速行驶、减速等）对空气流量与压力需求的动态变化，开发先进的控制策略成为必然需求。基于模型预测控制、模糊控制等先进算法，构建高精度的空气供应系统模型，实现对压缩机转速、导流叶片角度等参数的实时精准调控，确保在变工况下始终为电堆阴极提供高效、稳定的氧气供应，保障燃料电池系统的性能稳定与响应迅速。

加湿器在空气供应系统中的主要作用是对进入电堆的压缩空气进行适度加湿处理，确保膜电极维持良好的质子传导性能。膜电极中的质子交换膜在适宜的湿度环境下才能实现高效的质子传导，因此开发高效节能的加湿器成为提升燃料电池系统性能与降低能耗的关键环节。在加湿器的设计优化中，一方面注重提高加湿效率，通过创新的加湿介质与结构设计（如采用高性能吸水性材料、优化加湿通道结构等），增加空气与加湿介质的接触面积与时间，实现水分在压缩空气中的快速均匀蒸发与扩散，提升加湿效果；另一方面，通过优化加湿系统的能量管理与控制策略，采用智能湿度传感器实时监测空气湿度并反馈控制加湿器的运行功率与加湿量，避免过度加湿造成的能量浪费与水淹现象，实现加湿器的高效节能运行。同时，深入研究不同工况下燃料电池系统对空气湿度的需求变化规律，开发自适应的加湿方式与控制算法，确保在各种工况下均能为膜电极提供精准适宜的湿度环境，保障燃料电池的性能稳定与寿命延长。

中冷器在空气供应系统中承担着冷却压缩空气的重要使命，其工作原理是利用冷却介质（如空气或冷却液）与压缩空气进行热交换，降低空气温度。冷却后的压缩空气密度增加、含氧量相对提高，有助于提升电堆的进气质量与反应效率；同时，有效降低电堆的工作温度，防止因高温引发的电池性能衰退与寿命缩短问题。为实现更优的冷却效果与紧凑化设计，中冷器的技术优化聚焦于多个关键方面。在热交换结构优化上，通过采用高效的翅片式、管带式或板翅式等热交换结构，增加热交换面积、强化热传导效率；运用先进的计算流体动力学（CFD）技术对热交换结构内部的气流与冷却液流场进行模拟分析与优化设计，改善流场均匀性、减少流动阻力与热边界层厚度，提升热交换效率。材料创新也是提升中冷器性能的重要途径，研发具有高导热系数、低密度、耐腐蚀与耐高温特性的新型热交换材料（如陶瓷基复合材料、铝合金复合材料等），替代传统材料应用于中冷器制造，在减轻质量的同时显著提升热交换性能与可靠性。此外，通过紧凑化设计理念，优化中冷器的整体布局与外形尺寸，减少占用空间，提高空气供应系统的集成度与适配性，为燃料电池汽车的轻量化与小型化发展提供有力支撑。

空气过滤器作为空气供应系统的首道防线，其核心功能是有效拦截并去除空气中的杂质颗粒（如灰尘、花粉、金属微粒等），防止这些杂质进入电堆内部对电极、催化剂以及膜电极等关键部件造成磨损、污染与性能损害。为满足燃料电池汽车对进气清洁度的严格要求，开发高过滤效率、低阻力且具备长寿命特性的空气过滤器成为技术研发的核心目标。在过滤材料选择与优化方面，深入研究不同材料（如玻璃纤维、聚酯纤维、活性炭纤维等）的过滤性能与适用工况，通过复合、改性等工艺手段提升材料的过滤精度、容尘量与抗堵塞能力；开发新型功能性过滤材料，如具有静电吸附、催化分解等特性的材料，进一步增强对微小颗粒与有害污染物的去除能力。在过滤器结构设计优化上，采用多层复合结构、渐变孔径设计以及优化的气流通道布局，增加杂质颗粒的拦截与沉积效率，降低气流通过阻力；引入自清洁与智能维护技术，如脉冲反吹、自动更换滤芯等功能，延长过滤器的使用寿命与维护周期，确保在燃料电池汽车的整个使用寿命周期内持续稳定地供应清洁空气，保障燃料电池系统的可靠性与耐久性。

4. 热管理系统技术

热管理系统技术对于燃料电池汽车而言至关重要，其核心任务在于精准维持电堆处于适宜的工作温度区间，这是保障燃料电池系统性能卓越及使用寿命长久的关键要素。该系统主要依赖散热器、冷却水泵、节温器以及温度传感器等关键部件协同运作，各部件紧密协作、各司其职，共同构建起一套高效且稳定的热管理体系。

散热器作为热管理系统的关键散热部件，承担着将电堆运行过程中产生的热量散发至周围环境的重任。开发具备高散热效率、紧凑轻量化特质的散热器成为提升热管理系统性能的关键突破口。在提升散热效率方面，通过优化散热器的散热鳍片结构设计，增加鳍片表面积、优化鳍片形状与间距，可强化热传导与对流散热效果；采用新型散热材料，如高热导率的铝合金复合材料或热管技术，进一步提升热量传递速率。紧凑轻量化设计则要求在确保散热性能的前提下，通过优化散热器整体结构布局、采用集成式设计理念以及新型制造工艺，减小散热器的体积与质量，提高车辆的空间利用率与能源经济性。例如，运用3D打印技术制造复杂形状的散热器结构，在满足散热需求的同时实现减重目标；开发微通道散热器，凭借其微小通道尺寸与高比表面，实现高效散热的同时大幅减小散热器体积与质量，提升燃料电池汽车的整体性能与续驶能力。

冷却水泵在热管理系统中发挥着驱动冷却液循环流动的关键作用，其性能优劣直接影响冷却液的流速与流量，进而影响电堆的散热效果与温度稳定性。优化冷却水泵性能着重于提高其工作效率、降低能耗与噪声水平。通过采用先进的流体动力学设计技术，优化水泵叶轮与蜗壳的几何形状参数，减少内部流场损失，提升水泵水力效率；选用低摩擦系数的轴承与密封材料、优化电机控制系统设计，降低机械摩擦损失与电机能耗，实现节能降噪目标。此外，开发智能调速冷却水泵，使其能够依据电堆温度、功率需求以及车辆工况实时精准调整转速与流量，确保冷却液供应与电堆散热需求精准匹配，避免因过度冷却或冷却不足导致的电堆性能下降与寿命损耗，提高热管理系统的智能性与可靠性。

节温器作为热管理系统中的智能温控"调节阀"，依据燃料电池汽车不同工况精准调控冷却液的循环路径与流量，在实现快速暖机与稳定温控过程中发挥关键作用。智能节温器通过内置的温度传感器感知冷却液温度变化，依据预设的控制策略自动调整阀门开度，精确控制冷却液在大循环（通过散热器散热）与小循环（绕过散热器直接回流至电堆）之间的切换时机与流量分配比例。在车辆启动初期，节温器关闭大循环通道，使冷却液在小循环中快速升温，实现电堆的迅速暖机，缩短系统达到最佳工作温度的时间，减少低温工况下电堆性能损耗与污染物排放；当电堆温度升高至正常工作范围后，节温器逐步开启大循环通道，依据温度变化动态调整冷却液流量分配，确保电堆温度稳定在适宜区间。通过采用电子控制节温器、石蜡式节温器与热敏电阻式节温器相结合的复合式控制技术，提升节温器的控制精度与响应速度；优化节温器的结构设计与材料性能，增强其可靠性与耐久性，保障在复杂多变的车辆工况下始终稳定精准地调控冷却液循环路径与流量，维持电堆温度稳定，提升燃料电池汽车的运行稳定性与环境适应性。

温度传感器作为热管理系统的"感官神经末梢"，肩负着实时监测电堆及冷却液关键部位温度的重要使命，为控制系统提供精准、实时的温度反馈信息，是实现热管理系统精确控制的关键基础元件。优化温度传感器布局与提升精度成为提升热管理系统可靠性与控制精度的核心要点。通过在电堆进出口、冷却液管道关键节点以及散热器等部位合理分布温度传感器，构建全方位、多层次的温度监测网络，确保全面、准确地获取热管理系统各关键部位的温度信息，为控制系统实施精准调控提供翔实数据依据。研发高精度温度传感器，采用先进的热敏材料（如铂电阻、热敏电阻、热电偶等）与微纳制造工艺，提升传感器的灵敏度、线性度与稳定性；运用数字补偿技术、校准算法以及智能诊断功能，降低环境因素（如电磁干扰、振动、湿度等）对传感器测量精度的影响，确保温度测量数据的准确性与可靠性。

高精度、可靠的温度传感器与先进的控制系统紧密配合，依据实时监测温度数据精准调控散热器、冷却水泵及节温器等部件的运行状态，实现对电堆工作温度的精细化管理，确保燃料电池系统在各种工况下始终维持在最佳性能与寿命状态，推动燃料电池汽车技术向更高性能、更可靠、更智能方向发展。

8.1.2　燃料电池汽车动力系统集成技术

1. 燃料电池与辅助动力系统集成

在燃料电池汽车的动力架构中，燃料电池与辅助动力系统的集成是一项关键技术，其核心在于构建高效、协同的多电源系统。常见的集成方式是将燃料电池与锂电池或超级电容组合成混合动力系统，这种配置充分发挥了各电源组件的独特优势，以满足车辆复杂多变的运行需求。

锂电池凭借其较高的能量密度特性，在能量储存方面表现卓越，能够为车辆提供持续稳定的电能供应，有效延长车辆的续驶里程。同时，其较低的自放电率确保了电池在长时间闲置或存储状态下仍能保持电量，减少能量损耗，提升了电池的能量利用效率与使用便利性。超级电容则以极大的功率密度脱颖而出，能够在瞬间释放或吸收大量电能，其充放电速度极快，可在短时间内实现大功率的电能输出与输入，为车辆提供强劲的动力支持或快速回收制动能量。

为实现车辆整体性能的优化，依据车辆在不同行驶场景下的具体需求以及实时工况，对燃料电池、锂电池和超级电容三者的功率输出进行精准匹配至关重要。在车辆起步阶段，需要瞬间的大功率输出以实现快速加速，此时超级电容可迅速释放电能，与燃料电池共同提供动力，弥补燃料电池在响应速度上的不足，确保车辆平稳、迅速地起步。在正常行驶过程中，燃料电池以其稳定的发电能力持续为车辆提供主要动力，维持车辆的巡航速度，同时根据行驶工况的细微变化，如轻微加速、减速或路况变化，适时调整功率输出。锂电池则作为能量储备单元，在燃料电池功率输出有剩余时储存多余电能，或在燃料电池功率不足时（如车辆爬坡、高速行驶等工况下）补充电能，确保车辆动力供应的连续性与稳定性。

优化能量管理策略是实现多电源协同高效运行的核心环节。开发智能能量管理系统成为关键任务，该系统需具备实时监测、数据分析与精准决策能力。通过高精度传感器实时采集车辆的运行参数，如车速、加速度、制动强度、电池荷电状态（SOC）、燃料电池功率输出、超级电容电压等，将这些数据传输至能量管理系统的中央控制器。中央控制器运用先进的控制算法，如基于规则的控制算法、模糊逻辑控制算法、模型预测控制算法等，对采集到的数据进行快速分析与处理，依据车辆当前的运行工况与驾驶员的操作意图，精确计算并分配各电源的功率输出，实现多电源之间的无缝切换与协同工作。

在加速超车场景中，能量管理系统迅速响应驾驶员的加速指令，协调燃料电池与辅助电源（锂电池或超级电容）同时供电，瞬间提升车辆的功率输出，确保车辆具备足够的动力完成超车动作，保障行驶安全性与驾驶体验。而在制动过程中，能量管理系统精准控制能量回收机制，驱动电机切换至发电模式，将车辆的动能转化为电能。此时，超级电容凭借其快速的充放电特性优先吸收回收的电能，在短时间内存储大量能量；锂电池则在超级电容存储容量接近饱和后，继续接收并存储剩余的回收电能，实现制动能量的高效回收与存储，提升车辆的能量回收效率与整体能效。

通过这种精细化的功率匹配与智能能量管理策略，燃料电池汽车能够充分发挥各电源组件的优势，实现动力性能、续驶能力与能源效率的全面提升，为燃料电池汽车在实际应用中的推广与普及奠定坚实的技术基础，推动新能源汽车产业向更加高效、环保、可持续的方向发展。

2. 动力系统控制技术

动力系统控制技术在燃料电池汽车领域占据核心地位，其范畴广泛涵盖电堆控制、氢气与空气供应控制、温度控制以及动力输出控制等多个关键层面。这些控制环节相互交织、协同作用，共同决定燃料电池汽车动力系统的整体性能、运行稳定性与安全性。

构建控制系统的基石在于先进的传感器与高性能的电子控制单元（ECU）。借助各类精密传感器，如压力传感器、流量传感器、温度传感器、气体浓度传感器等，能够实时、精确地采集动力系统各关键部位的运行参数。压力传感器可严密监测氢气与空气供应管道内的压力变化，确保气体输送的稳定性与安全性；流量传感器精确计量氢气、空气以及冷却液的流量，为精确控制反应物质供应与散热提供关键数据支持；温度传感器全方位监测电堆温度、冷却液温度及关键部件的工作温度，及时反馈温度信息以实现精准温控；气体浓度传感器实时监测氢气与氧气浓度，保障电化学反应在最佳气体浓度比例下进行，避免因浓度异常引发的性能下降与安全隐患。ECU 作为控制系统的核心"大脑"，接收来自传感器的海量实时数据，并依据预设的控制算法对动力系统各部件进行精准调控。

为应对复杂多变的工况，开发先进控制算法成为提升系统性能的关键突破口。模型预测控制算法凭借精确的系统建模与强大的预测能力，依据车辆当前运行状态及驾驶员操作意图，对未来短时间内的系统动态变化进行预测。通过在线优化求解，提前制定最优控制策略，精确调整电堆输出功率、氢气与空气供给量、冷却液流量等参数，有效降低系统响应滞后性，提升控制精度与能源利用效率。模糊控制算法则巧妙融合人类经验与模糊逻辑规则，针对系统中的不确定性与非线性因素进行智能处理。在处理复杂工况下的参数变化与干扰时，模糊控制能够依据模糊规则快速生成合理的控制决策，优化控制精度与响应速度，确保动力系统在各种工况下平稳、高效运行。例如，在车辆频繁启停、加速减速或行驶于复杂路况时，模糊控制算法可依据车速、加速度、负载变化等模糊输入量，精准调控动力输出与各子系统运行参数，提升驾乘舒适性与系统可靠性。

提升控制系统可靠性与安全性是保障燃料电池汽车稳定运行的重中之重。冗余设计理念贯穿于控制系统架构之中，通过增设关键部件与备用控制通道，构建多层次的冗余备份机制。在传感器层面，采用多个同类传感器进行冗余测量，经数据融合算法处理确保测量数据的准确性与可靠性；ECU 采用双机热备份或多机容错架构，当主 ECU 出现故障时，备份 ECU 能无缝切换接管控制任务，确保系统不间断运行。故障诊断技术借助实时监测数据与故障诊断模型，对系统各部件进行实时状态监测与故障诊断。一旦检测到故障发生，立即精准定位故障源，并依据故障严重程度采取相应措施，如报警提示、故障隔离、容错运行或紧急停机。容错控制技术则在系统出现局部故障时，通过调整控制策略与重新分配资源，使系统在性能降级的情况下仍能维持安全稳定运行。例如，当某个传感器信号异常时，容错控制系统自动切换至基于其他传感器数据的备用控制策略；若电堆某一单体电池性能衰退，控制系统可通过调整电流分配与功率输出策略，实现整体性能的优化与稳定，确保车辆在故障工况下的安全性与可操控性，为燃料电池汽车的大规模商业化应用筑牢坚实的技术安全壁垒。

8.1.3　燃料电池汽车轻量化与安全性技术

1. 轻量化技术

在燃料电池汽车的发展进程中，轻量化技术发挥着关键作用，是提升车辆性能、降低能耗以及增强市场竞争力的核心要素。其主要通过采用轻质材料与优化结构设计这两大途径来实现车辆减重目标。

轻质材料的应用为燃料电池汽车带来了显著的减重效果。碳纤维增强复合材料（CFRP）、铝合金以及镁合金等在汽车制造领域备受青睐。CFRP 以其高强度、低密度的卓越特性脱颖而出。其高强度表现为能够承受较大的应力与载荷，在保障车身结构安全性与稳定性的同时，可大幅削减材料用量，从而显著减小车身质量。在车身框架、车身覆盖件以及关键结构部件中广泛运用 CFRP，不仅减轻了整车质量，而且有效提升了车辆的抗扭刚度与强度，优化了操控性能与行驶稳定性。铝合金因具备良好的比强度、耐腐蚀性以及易于加工成型的特质，在底盘部件、悬架系统以及部分车身结构件的制造中得以大量应用。通过对铝合金材料的成分优化、热处理工艺改进以及先进加工技术的运用，进一步提升其机械性能与加工精度，在确保部件功能可靠性的基础上，实现了可观的减重，减少了车辆簧下质量，提升了悬架系统响应速度与舒适性，优化了车辆的动态行驶性能。镁合金以其极低的密度成为实现汽车轻量化的理想选材，尤其适用于内饰件、小型结构件等部位。尽管镁合金的绝对强度相对较低，但其通过合金化处理与先进成型工艺，如压铸、挤压铸造等，可显著提升其强度与韧性，在满足使用要求的前提下，极大地减轻了车辆内饰与小型部件的质量，为整车减重贡献力量，提升了车辆的能效比与续驶里程。

优化结构设计是轻量化技术的另一重要支柱。拓扑优化技术依据车辆在实际运行过程中所承受的载荷分布、应力应变状态以及功能需求，运用数学算法与计算机模拟手段，对车身框架、底盘结构等关键部件的拓扑结构进行精准优化。通过去除冗余材料、强化关键承载部位，实现材料的高效利用与结构性能的最大化提升，在确保部件强度与刚度的同时，有效减轻质量。尺寸优化则聚焦于在满足设计要求的前提下，精确确定各部件的最优尺寸参数。借助有限元分析与优化算法，对部件的厚度、长度、直径等尺寸进行微调，在维持或提升性能指标的同时，实现材料的节约与质量的减轻，如优化车身梁柱的尺寸以平衡强度与质量。形状优化致力于通过改变部件的几何形状来提升性能与减轻质量。例如，对车身覆盖件进行流线型设计，在降低风阻系数、减少空气阻力的同时，巧妙利用形状变化提升结构刚度，实现减重与性能提升的双重目标；优化底盘部件的形状，增强其承载能力与抗疲劳性能，减轻质量并提升车辆行驶稳定性。

通过综合运用轻质材料与创新的结构优化设计方法，燃料电池汽车能够在确保安全性、可靠性与功能性的基础上，实现整车质量的显著减轻，有效提升车辆的动力性能、续驶能力与能源利用效率，为其在市场竞争中赢得优势，加速推动燃料电池汽车产业朝着高效、绿色、可持续的方向蓬勃发展，引领未来交通出行的轻量化变革潮流。

2. 安全性技术

在燃料电池汽车领域，安全技术是基石性的关键环节，其中高压氢气系统的安全保障尤为核心，涉及存储、输送及泄漏防护等多方面的严密措施。

高压储氢瓶作为氢气存储的关键设施，其设计制造遵循严苛的标准规范，从材料选择、结构设计到加工工艺，均经过精心规划与严格把控。制造完成后，需接受一系列全面且严格的测试检验流程，涵盖压力测试、疲劳测试、密封性测试、耐腐蚀性测试等项目，旨在确保储氢瓶在极端工况与长期使用中始终维持安全稳定状态。为强化过压保护能力，储氢瓶配备了诸如安全阀、爆破片等关键装置。安全阀可精准感知瓶内压力变化，当压力逼近设定阈值时，自动开启释放氢气，压力回归安全区间后迅速关闭，防止压力过度积聚引发危险。爆破片则作为终极安全防线，当压力骤升超出安全阀控制范围时，爆破片即刻破裂卸压，确保储氢瓶结构完整，防止爆炸等灾难性事故发生。

氢气输送环节中，管道与接头采用高密封设计理念。选用具备卓越氢气兼容性、低渗透率与高机械强度的先进材料，经精密加工与特殊密封处理，确保连接处无缝衔接、密不透风。与此同时，构建严格的定期检测维护机制不可或缺。运用无损检测技术，如超声检测、射线检测，定期检查管道与接头内部结构完整性，排查潜在裂纹、孔洞等缺陷；实施气密性检测，精准测定泄漏率，及时发现并修复微泄漏点，从源头上杜绝氢气泄漏隐患。此外，大力开发氢气泄漏检测技术是提升系统安全性的关键举措。高精度传感器广泛部署于输送系统的关键节点，凭借高灵敏度实时精确监测氢气浓度变化。一旦浓度超越预设阈值，立即触发报警信号，并同步启动自动安全措施，如紧急切断阀关闭输送通道、通风系统加速换气稀释氢气浓度、启动消防设备待命等，确保将泄漏风险与潜在危害降至最低限度。

车身结构设计着重考量碰撞安全性，以全方位保护乘员与高压系统为核心目标。优化吸能结构是关键设计策略之一，通过在车身前部、侧面及后部精心布局吸能区，采用溃缩式设计理念，在碰撞瞬间高效吸收与分散碰撞能量，有效减轻碰撞冲击力对乘员舱的传递与损害，为乘员构建坚固安全空间。防撞梁设计同样至关重要，选用高强度材料制造的防撞梁，经优化结构设计与精确力学计算，精准匹配车辆碰撞特性与安全需求。在正面碰撞中，前防撞梁率先抵御冲击，将碰撞力合理分散至车身纵梁与底盘结构；侧面碰撞时，侧防撞梁迅速响应，协同车门防撞结构与 B 柱加强结构，有效抵御侧面撞击力，防止高压系统受损引发氢气泄漏与二次事故。

在材料选用与设计层面，全车广泛采用防火、防爆材料。内饰材料经严格阻燃处理，符合高标准阻燃性能指标，有效遏制火源蔓延速度与强度。高压部件舱室四周精心构筑防火防爆屏障，采用防火隔热板材与密封材料，构建独立密封空间，隔离高温与火焰对高压部件及氢气系统的威胁。同时，配备高效通风系统，依据氢气密度低、扩散快特性，设计科学合理的通风布局与换气速率，确保舱室内氢气浓度始终处于安全范围，杜绝氢气积聚引发爆炸危险。从多元维度为燃料电池汽车打造坚实可靠的安全防护体系，提升公众对燃料电池汽车安全性的信赖度与接受度，推动产业稳健发展。

8.2 燃料电池汽车的发展趋势

8.2.1 性能提升

1. 功率密度提升

在燃料电池汽车的技术演进进程中，功率密度提升是核心发展趋向之一，其实现主要依托对电堆设计的深度优化、材料性能的持续改进以及制造工艺的创新变革。燃料电池堆功率密度发展趋势如图 8-3 所示。

图 8-3　燃料电池堆功率密度发展趋势

优化电堆设计在提升功率密度方面发挥着关键作用。电池结构设计创新是核心要点，其中开发新型流场结构意义深远。传统流场结构在气体分配均匀性与传质效率上存在局限，新型流场结构通过精心设计流道形状、尺寸及布局，有效改善反应气体在电堆内的分布状况，确保各区域反应气体供应充足且均匀。例如，采用蛇形流场与平行流场组合的复合流场结构，在保障气体稳定流动的同时，增强气体横向扩散能力，提升气体与催化剂接触的充分性，从而加速电化学反应速率。优化电极结构与组件配置也是关键举措，通过调整电极厚度、孔隙率及催化剂负载分布，平衡反应活性与气体扩散阻力关系。适当减小电极厚度、提高孔隙率可缩短气体扩散路径、降低传质阻力，同时确保催化剂均匀分散与高利用率，增强电堆功率输出能力，提升功率密度。如图 8-4 所示为一体化气体扩散层。

材料性能改进为功率密度的提升奠定了坚实基础。研发高性能催化剂是重中之重，催化剂在加速电化学反应中起关键作用。新型催化剂致力于提升氧还原反应（阴极）与氢氧化反应（阳极）活性，如开发多元合金催化剂、非贵金属催化剂及纳米结构催化剂等。新型催化剂的开发如图 8-5 所示。Pt 基合金催化剂通过引入过渡金属元素改变 Pt 电子结构与表面性质，降低反应活化能、提升催化活性与耐久性；非贵金属催化剂凭借资源丰富与成本优势，经元素掺杂、复合与微观结构调控实现高活性与稳定性突破，降低成本同时提升功率密度。电解质膜性能优化不可或缺，开发高质子传导性、宽温域、稳定工作与高机械强度的电解质膜是关键方向。例如，开发含功能化添加剂或复合结构电解质膜，提升质子传导通道数量与效率、拓宽工作温度范围，确保电堆在低温启动与高温运行时性能稳定；增强膜机械强度可减薄膜厚度、降低电阻，提升功率密度与电池紧凑性。电极材料创新亦是重要路径，开发高导电性、大比表面与化学稳定电极材料，如新型碳材料（石墨烯、碳纳米管等）与金属基复合材料，提升电子传输速率、增强催化剂支撑与反应活性，助力功率密度提升。

图 8-4　一体化气体扩散层

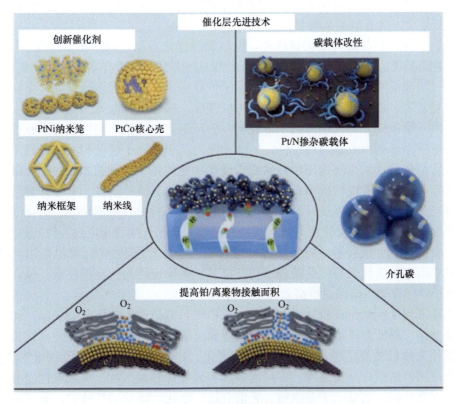

图 8-5　新型催化剂的开发

制造工艺改进是实现功率密度跃升的关键支撑。提升部件一致性与可靠性至关重要，高精度加工技术可确保电极、双极板等部件尺寸精度与表面质量，如采用光刻、蚀刻与精密模具成型技术制造电极，保证催化剂层均匀性与气体扩散层一致性；自动化装配工艺通过机器人操作与智能控制系统实现部件精准装配，减少人为误差与装配缺陷，提升电堆整体可靠性与性能稳定性。降低生产成本是推动燃料电池汽车产业化的关键因素，规模化生产可降低原材料采购成本、分摊设备折旧与研发费用；引入新型制造技术（如3D打印技术）制造复杂结构部件，卷对卷工艺连续生产电极与电解质膜组件，提高生产效率、减少材料浪费、降低制造成本，实现电堆功率密度大幅提升、体积质量显著减小，全面提升车辆动力性能与续驶里程，增强燃料电池汽车市场竞争力与产业发展活力。

2. 耐久性增强

在燃料电池汽车技术的持续发展进程中，耐久性增强是核心关键，其核心在于深入探究材料老化与衰减机制，以此为根基开发耐久性卓越的材料与部件，并构建精准有效的耐久性测试评价体系。

深度钻研材料老化与衰减机制是提升耐久性的核心前提。燃料电池汽车运行时，材料受温度、湿度、电压、化学反应产物等复杂因素交互影响，致使老化衰减。例如，高温加速电解质膜脱水与化学降解，高电位引发催化剂烧结与溶解，反应生成的自由基侵蚀膜与催化剂，湿度波动导致膜膨胀收缩损坏。精准剖析这些机制，需多学科理论与先进实验技术协同，结合介原子尺度微观表征、反应动力学模拟、原位实时监测，明晰材料微观结构与性能演变规律，为开发耐久性材料部件筑牢理论基础。

开发耐久性材料与部件是关键任务。电解质膜优化方面，调整化学组成结构，提升稳定性与抗自由基能力。引入氟、磷等元素或特殊功能基团增强化学键能，阻挡自由基攻击、减缓降解；构建交联、多层复合结构优化质子传导通道、抑制膜溶胀，如含全氟磺酸与聚苯并咪唑复合膜，提升高温化学稳定性与机械强度，拓宽燃料电池工况适应性。催化剂制备改进方面，聚焦提升耐久性与抗中毒性能。创新制备工艺精准调控催化剂粒径、形貌与分散度，增强原子利用效率与稳定性，如脉冲激光沉积、原子层沉积法制备超薄均匀催化剂层；优化载体设计采用高稳定性载体或构建多功能载体，如碳纳米管掺杂金属氧化物载体，提升导电性、分散性与抗中毒性，延长催化剂寿命、维持活性。电堆密封、双极板与气体扩散层等部件的耐久性设计制造强化不可或缺。密封材料选用耐温、耐化学腐蚀、低渗透率弹性体材料，设计优化密封结构与沟槽形状，确保长期稳定密封、防气体液体泄漏；双极板开发抗腐蚀、低接触电阻涂层材料与处理工艺，增强耐蚀性，降低电阻波动；气体扩散层采用高强度碳纤维与优化微观结构，提升机械稳定性与抗疲劳性能，保证长期气体扩散与电子传导效率，确保电堆高效稳定运行。

建立精准耐久性测试评价体系是保障。模拟燃料电池汽车实际复杂工况，涵盖启动停车、变载变速、高低温环境与不同湿度，构建加速测试方法。运用加速寿命试验技术，依据材料部件失效机理设定严苛应力条件加速老化，如高温高湿偏压下测试电解质膜寿命、循环伏安扫描评估催化剂稳定性；多尺度多参数表征评估耐久性，从宏观性能参数到微观结构变化综合分析，借助电子显微镜、光谱分析、电化学阻抗谱等技术，监测裂纹、元素迁移、活性面积衰减。依据测试结果优化选材设计，反馈指导研发改进，经多次迭代提升材料部件耐久性，有力推动燃料电池汽车耐久性跨越提升，拓展市场应用前景。

8.2.2　成本降低

1. 规模化生产降成本

在燃料电池汽车产业的发展进程中，成本降低是实现其大规模商业化推广的核心要素，而规模化生产则是达成这一目标的关键路径。随着全球对碳中和目标的持续推进以及燃料电池技术的日益成熟，市场对燃料电池汽车的需求呈现出稳步增长的态势，这为规模化生产创造了有利契机。

建设大规模自动化生产线是实现成本降低的重要举措。通过引入先进的工业机器人、自动化控制系统以及智能制造技术，能够实现燃料电池汽车生产过程的高度自动化与智能化。在电堆组装环节，自动化机械臂可精确完成膜电极和双极板的堆叠与封装，确保组件装配的一致性与稳定性，大幅提升生产效率并降低因人为操作失误导致的废品率。在零部件加工制造中，高精度数控机床与自动化加工中心能够实现复杂零部件的高效、精准加工，减少加工余量与材料浪费，提升原材料利用率。这种大规模自动化生产模式极大地减少了对人力的依赖，降低了人工成本在总成本中的占比，同时显著提高了产品质量与生产效率，为成本降低奠定坚实基础。

优化供应链管理在降低成本方面发挥着关键作用。与原材料供应商、零部件供应商建立长期稳定的战略合作关系是核心策略。通过长期合作协议与集中采购模式，企业能够获取更具优势的原材料采购价格，降低采购成本波动风险。例如，对于铂等贵金属催化剂以及高性能碳纤维等关键原材料，与供应商签订长期批量采购合同，确保稳定供应的同时争取价格优惠。此外，加强与供应商在技术研发与质量控制方面的协同合作，共同优化产品设计与生产工艺，提升零部件性能与质量，减少因质量问题导致的生产停滞与成本增加。通过供应链的深度整合与优化，实现信息流、物流与资金流的高效协同，降低库存成本、运输成本与交易成本，提升整体供应链的运作效率与成本效益。

拓展应用领域是推动燃料电池汽车实现规模经济的重要途径。除乘用车市场外，积极开拓叉车、公交、物流车等商用领域的应用具有显著优势。在叉车领域，燃料电池叉车凭借其零排放、长续驶里程、快速加氢等特点，在室内仓储物流环境中优势明显。随着越来越多的物流企业与仓储设施采用燃料电池叉车，其生产规模不断扩大，单位成本持续降低。公交领域亦是如此，燃料电池公交车可有效解决城市公共交通的零排放与续驶难题，随着各地城市公交系统对燃料电池公交车采购量的增加，规模化生产效应逐渐显现。通过批量生产与集中采购，推动电池系统、整车制造以及加氢基础设施建设成本的降低。在物流车领域，长途运输与重载物流对车辆续驶能力与动力要求严苛，燃料电池物流车契合此类需求，其应用规模的扩大有助于实现规模经济，促使燃料电池汽车成本降低至与传统燃油汽车或纯电动汽车可比水平，从而显著提升其在市场中的竞争力，加速燃料电池汽车产业的商业化普及进程，推动全球交通领域的绿色低碳转型。

2. 技术创新降成本

在燃料电池汽车产业迈向成熟与大规模普及的征程中，成本降低是核心诉求，而技术创新则是实现这一目标的核心驱动力。通过全方位、多维度的技术突破与创新变革，从材料研发、系统设计优化到制造工艺革新，全方位削减燃料电池汽车的生产成本。

研发低成本替代材料是关键突破口。在催化剂领域，开发非贵金属催化剂意义深远。

传统 Pt 基催化剂成本高昂，限制了燃料电池汽车成本下降。科研人员致力于探索非贵金属元素（如 Fe、Co、Ni 等）及其化合物组成的催化剂体系，通过精准调控材料微观结构、元素掺杂与复合策略，提升催化活性与稳定性（图 8-6）。例如，设计金属有机框架（MOF）衍生的非贵金属催化剂，利用 MOF 结构的高比表面与可调性，经热解、活化处理，制备出具有丰富活性位点与良好导电性的催化剂。在电解质膜研发上，聚焦低成本替代品。传统全氟磺酸膜虽性能优异但成本高，新型聚合物电解质膜成为研究热点，如磺化聚醚醚酮（SPEEK）、聚芳醚砜（PAES）等，通过优化合成工艺、调整化学结构，提升质子传导性、化学稳定性与机械性能，降低成本。气体扩散层材料创新同步推进，开发廉价、高性能材料替代传统碳基材料，采用生物质基碳纤维或碳纳米管复合纸，利用生物质资源丰富、可再生优势，经改性处理提升导电性、透气性与耐腐蚀性，降低材料成本与生产能耗。

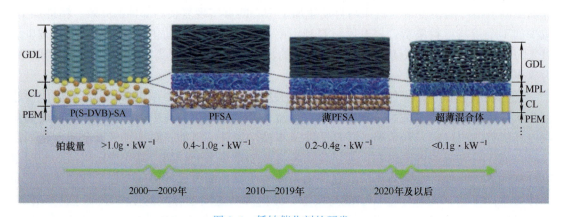

图 8-6　低铂催化剂的开发

简化系统设计制造流程是降本增效重要路径。优化集成设计是核心策略，打破传统部件分散设计局限，采用模块化、集成化设计理念，将氢气供应、空气供应、热管理与电堆等子系统集成封装为紧凑模块。如开发集成式燃料电池动力总成，集成电堆、辅助设备（BOP）部件与控制系统，减少系统部件与连接管路、接头数量，降低复杂性与成本，提升系统可靠性与功率密度。同时，削减冗余零部件，基于系统功能分析与可靠性评估，去除不必要的功能重复或低效用部件，简化装配工序与生产流程，提升生产效率。此外，优化部件布局与连接方式，依据功能需求与流体力学、热学原理合理布局，缩短气体、液体传输路径，减少阻力损失，提升系统响应速度与能量转换效率，从设计源头降低成本。

开发高效低成本制造工艺是成本控制关键支撑。3D 打印技术革新制造模式，三维模型数据逐层堆积材料，制造复杂形状部件，如直接打印电堆流场板、电极结构。其不需要模具、缩短研发周期、降低模具成本与加工余量，实现定制化生产；经材料优化与工艺参数调控，提升打印部件性能质量，确保密度、孔隙率与强度符合要求。卷对卷制造技术提升电极与电解质膜生产效率，将原材料连续涂覆、干燥、复合加工成卷材，实现大规模连续化生产，确保产品一致性与稳定性，降低生产成本。例如制造电极时，连续涂覆催化剂浆料、黏结剂与导电剂于基底材料，经干燥、热压处理成电极卷材，提升生产效率与质量均匀性。

多维度技术创新协同发力，持续驱动燃料电池汽车成本降低，提升产业竞争力与市场渗透率，引领新能源汽车产业变革。

8.3　应用拓展

8.3.1　乘用车市场拓展

在全球汽车产业向新能源转型的浪潮中，燃料电池乘用车作为极具潜力的发展方向，正逐步崭露头角，然而其当前的市场拓展面临诸多挑战，其中成本居高不下与加氢基础设施匮乏尤为突出。高昂的燃料电池系统成本使得车辆终端售价远超传统燃油汽车与多数纯电动汽车，令消费者望而却步。同时，加氢站数量稀缺、分布不均，加氢便利性远不及加油站与充电桩，极大限制了燃料电池乘用车的日常使用范围与市场接受度。

展望未来，随着核心技术的深度突破与广泛应用，燃料电池汽车的成本有望实现大幅降低。在燃料电池堆关键技术领域，电堆功率密度将持续攀升，通过优化电极结构、研发新型催化剂与电解质膜，提升反应活性与效率，在减小电堆体积和质量的同时增强性能，降低单位功率成本。例如，新型非贵金属催化剂的成功研发将削减贵金属用量，从根本上降低催化剂成本；高性能、低成本电解质膜的商业化应用可提升质子传导效率、增强耐久性，降低膜成本与更换频率。此外，系统集成技术的创新优化将简化复杂的辅助系统，减少零部件数量、提升装配效率、降低系统复杂度与制造成本，使燃料电池乘用车在成本上更具竞争力。

汽车制造商敏锐洞察到燃料电池乘用车的广阔前景，纷纷加大研发投入，全力开发契合市场需求的高性能车型。在续驶里程方面，新一代燃料电池乘用车将突破现有瓶颈，实现续驶里程的显著提升，可达甚至超越传统燃油汽车水平，消除消费者的"里程焦虑"。车辆动力性能亦将实现质的飞跃，凭借燃料电池高功率输出特性，加速性能迅猛提升，驾驶体验媲美高性能燃油汽车或纯电动汽车。车内空间布局因燃料电池系统小型化与集成化更为宽敞舒适，智能座舱与自动驾驶辅助系统深度融合，提升驾乘便利性与安全性，全方位满足消费者对品质出行的严苛要求。

政府在燃料电池乘用车市场培育中发挥关键引导作用，通过出台一系列补贴与优惠政策强力推动其推广普及。购置补贴可直接降低消费者购车成本，提升购车意愿；税收减免涵盖车辆购置税、消费税及企业生产环节相关税费，减轻制造商负担、降低生产成本、促进产业发展；免费停车、通行费减免等使用环节优惠政策提升车辆使用便利性与经济性，增强市场吸引力。同时，政府与企业、科研机构协同合作，加速加氢站等基础设施建设布局。依据城市规划与交通流量科学选址，优化加氢站网络覆盖，提升加氢便利性；采用先进加氢技术标准，提高加氢效率与安全性；鼓励社会资本参与投资建设运营，拓展资金来源、加快建设进度，构建完善的加氢基础设施网络，为燃料电池乘用车大规模应用筑牢根基。

在技术突破、产品优化与政策推动的合力驱动下，燃料电池乘用车市场份额将稳步拓展，逐步成长为未来新能源汽车产业不可或缺的关键拼图。其零排放、高效能优势契合全球可持续发展愿景，引领汽车产业迈入绿色、智能出行新时代，为改善空气质量、缓解能源危机贡献核心力量，重塑未来交通出行格局。

8.3.2 商用车领域深化应用

在全球交通领域加速向绿色低碳转型的时代背景下，商用车领域的节能减排诉求愈发紧迫，燃料电池技术凭借其独特优势，在商用车范畴内正稳步拓展应用深度与广度，孕育着广阔的发展前景。

商用车的运营特性决定其对续驶里程与载重能力的严苛要求，而燃料电池技术恰能精准契合这些需求，展现出显著优势。在公交领域，城市公交作为城市交通的动脉，每日行驶里程长、客流量大且运行线路固定，传统燃油公交车排放污染物量大，对城市空气质量与居民健康构成威胁。燃料电池公交车以氢为燃料，化学反应产物仅为水，实现零排放运营，能从根源上削减污染物排放，显著改善城市空气质量，提升城市生态形象与居民生活品质。例如，在大型城市密集公交线路中推广燃料电池公交车，可大幅降低氮氧化物、颗粒物等污染物排放，有效缓解城市雾霾困扰，为市民创造清新出行环境。其续驶里程足以满足整日运营需求，无须频繁加氢，运营效率高；动力性能平稳强劲，可确保车辆在满载乘客与频繁启停工况下高效、舒适运行，为城市公交系统的绿色升级提供理想解决方案。

于物流行业而言，长途货运对车辆续驶与载重能力要求极高。燃料电池货车凭借高能量转换效率与能量密度优势，续驶里程远超纯电动货车，可轻松应对长途运输任务，减少中途充电或加油频次，大幅提升运输效率，降低运营时间成本。同时，氢能成本在规模效应与技术进步下逐渐降低，相比传统燃油货车，长期运营成本优势显著。随着电商行业蓬勃发展与物流需求持续增长，燃料电池货车在物流配送体系中的应用将持续拓展。例如，在快递物流干线运输、冷链物流长途配送等场景中，燃料电池货车的零排放特性契合环保物流趋势，助力企业实现绿色低碳运营目标，增强品牌竞争力，推动物流行业可持续发展模式革新。

环卫领域作业环境特殊，对车辆排放与噪声控制严格。燃料电池环卫车零排放、低噪声运行特质完美契合环保要求，可在城市街道、居民区、公园等区域昼夜作业，无环境干扰，有效改善环卫作业周边生态环境，减少噪声污染，提升居民生活舒适度。无论是道路清扫、垃圾清运还是洒水作业，燃料电池环卫车稳定的动力输出确保作业设备高效运行，提升环卫作业质量与效率，成为城市环境卫生维护的绿色利器。

伴随燃料电池技术的迭代演进与成本的有效控制，其在商用车领域应用场景将持续丰富多元化。在矿山运输领域，燃料电池矿用货车凭借强大动力与长续驶里程优势，可适应恶劣工况与高强度作业需求，降低矿山开采碳排放，提升运营安全性与可持续性。在机场地勤服务中，燃料电池牵引车、摆渡车等车辆的零排放特性有助于提升机场空气质量，优化运营成本，塑造绿色机场形象。燃料电池商用车凭借环保优势与性能提升，正引领商用车行业从传统能源向氢能转型的绿色变革浪潮，重塑行业格局，为全球低碳交通体系建设注入强劲动力、开辟崭新路径，加速全球可持续发展目标实现进程。